Das Pitbull-Syndrom

Irrationale Ängste beherrschen immer mehr die öffentliche Wahrnehmung. Aufgeblasen zur Hysterie durch Medien und Politik ebnen sie den Weg für bürokratische Regelungen und Einschnitte in die Freiheit. Die Jagd auf einen Sündenbock kann beginnen. Eine Diagnose am Beispiel der aktuellen Debatte um Kampfhunde.

W0059727

Der Autor

Stefan Burkhart wurde 1968 in Liestal bei Basel geboren. Nach Aufenthalten in Frankreich und Korea liess er sich zum Journalisten ausbilden. Heute arbeitet er in verschiedenen Domänen – journalistischer und nicht-journalistischer Art. Er hat zahlreiche Artikel über Hunde publiziert.

Stefan Burkhart

Das Pitbull-Syndrom

Die Angst vor Hunden und der moderne Zeitgeist

Das Pitbull-Syndrom

Copyright © 2008 Stefan Burkhart

2. verbesserte Auflage 2009

Alle Rechte vorbehalten

ISBN 978-3-8370-4580-2

Umschlagsgestaltung: Janina Schmuck

Herstellung und Verlag: Books on Demand GmbH, Norderstedt

Inhaltsverzeichnis

1

Einleitung

Die Debatte um Kampfhunde hat nicht nur mit Hunden zu tun. Vielmehr manifestiert sich darin ein tiefergründiges Phänomen in der modernen Gesellschaft.

Als im Dezember 2005 im Züricherischen Oberglatt Pitbulls einen Jungen tödlich bissen, brachen die Dämme – das Phänomen, schon zuvor oft als Kampfhunde-Debatte beschrieben, erreichte seine höchste Eskalationsstufe. Ein Nährboden dafür bestand bereits früher. Hysterisierende Berichte aus Medien befeuerten schon zu Beginn der 90er Jahre eine aktivistische Politik und eine ins Obsessive gesteigerte Angst vor so genannten Kampfhunden, insbesondere dem Pitbull. Die Macht, mit der sich die Debatte um das Gefährdungspotential von Hunden in der Öffentlichkeit entfaltete, verlor immer mehr den Bezug zur realen Gefahr, die von Kampfhunden oder Hunden generell ausgeht.

Diese Irrationalität ruft nach Erklärungen, zumal ähnliche Mechanismen in anderen Bereichen der öffentlichen Wahrnehmung zu erkennen sind. Wer denkt dabei nicht an die populistisch inszenierten Kampagnen gegen Raucher, Fettleibige, Raser, Offroader-Lenker oder – manchmal erfindet man auch flugs eine neue Kategorie, um besser abdrücken zu können – Rauschtrinker. Analogien sind ferner erkennbar mit der überrissenen Darstellung der Gefährdung durch privat aufbewahrte Armeewaffen (obwohl die Statistiken keine besondere Gefährdung erkennen lassen), der mit religiösem Eifer zelebrierten Aversion gegen Genfood (obwohl keine Schadensfälle bekannt sind), der Sorge um Jugendgewalt (obwohl die Statistiken eigentlich keinen Anlass zu besonderer Sorge gäben). Beispiele liessen sich noch viele aufzählen.

Wahrscheinlich stehen solcherlei übersteigerte Ängste ganz im modernen Zeitgeist. Involviert sind Gefühle, Medien, Politik – und irgendwie die Unfähigkeit, mit Gefahren umzugehen, die nun mal das Leben birgt. Ein allumfassendes Sicherheitsdenken könnte man sogar als den tieferen soziologischen Grund bezeichnen, auf dem die Kampfhunde-Debatte erst richtig zu spriessen vermochte. Die Medien, die Politik und einfach die Emotionen der Menschen haben das Pflänzchen Hysterie gedüngt, dass es zu einem garstigen Strauch wachsen konnte.

War es in den von der amerikanischen Expertin Karen Delise geschilderten Hunde-Hysterien früherer Zeiten mehr die Sensationslust, das Gruseln vor einer bestimmten Rasse – so ist es heute mehr die illusionäre Forderung, dass Hunde immer lieb zu sein haben und von ihnen keine Gefahr ausgehen dürfe. Man hat verlernt, Gefahren als fundamentaler Bestandteil des Lebens zu akzeptieren und übt sich im vermessenen Anspruch, alle Risiken ausschalten zu können. Die Frucht für staatliche Reglementierungen ist sodann reif. Eingriffe in Freiheit und Privatsphäre geniessen Akzeptanz, wenn sie nur ja die Illusion bedienen, das Leben zur Zone einer absoluten Gefahrlosigkeit zu machen.

Absicht dieses Buches ist es, die ins Hysterische gesteigerte Form der jüngsten Kampfhunde-Debatte zu verstehen, in deren Zentrum der Pitbull als Prototyp einer absolut bösen Kreatur die Vorstellungswelt der Menschen pervertiert. Dazu ist zuerst ein Blick in die Geschichte der Kampfhunde nötig. Dann müssen wir uns fragen, ob diese so genannten Kampfhunde oder Kampfhunderassen tatsächlich gefährlicher sind als andere Hunde. Schliesslich blenden wir ein bisschen zurück, um zu erkennen, dass bestimmte Hunde oder Rassen schon in der Vergangenheit Hysterien ausgelöst haben. In der Öffentlichkeit zelebrierte Hunde-Obsessionen sind also nichts Neues.

Vor diesem mehr historischen Hintergrund schwenken wir sodann auf die aktuelle Kampfhunde-Debatte ein. Diese zeichnet sich durch drei besondere Aspekte aus. Man könnte es auch drei Zutaten nennen, die – schüttet man sie zusammen – die Hysterie ergeben. Jede dieser drei Besonderheiten wird in einem Kapitel erörtert Und zwar so:

Aspekt: Irrationale Angst (Kapitel "Die Angst geht um") – Es ist eine völlig falsche Einschätzung der realen Gefahr, die von Hunden ausgeht. Statistiken zeigen: Hunde sind nur ein marginales Sicherheitsrisiko. Man hat also Angst vor Hunden, obwohl sie kaum gefährlich sind. Die Kampfhunde-Hysterie ist deshalb Ausguss einer falschen Wahrnehmung und eines ambivalenten Umgangs mit Risiken.

Aspekt: Kampfhund als Sündenbock (Kapitel "Sündenbock Kampfhund") – Es ist das verkrampfte Fixieren auf die Kategorie Kampfhunde. Es scheint, als ob man eine klar definierbare Tätergruppe von Hunden suchte, ein typisches Sündenbock-Muster.

Aspekt: Politik und Medien (Kapitel "Medien und Politik") – Schliesslich hat die aktuelle Kampfhunde-Hysterie mit Medien und Politikern zu tun, die diese Ängste und diese Fokussierung auf einen Sündenbock bedienen, insgesamt mehr anfachen als besänftigen.

Das Zusammenspiel all dieser Aspekte ergibt einen emotionalen Zustand der Öffentlichkeit, den man im besten Fall als ängstlich, im schlimmsten Fall als hysterisch bezeichnen kann. Mit Hunden oder Kampfhunden hat das nur mehr wenig zu tun. Die aktuelle Kampfhunde-Obsession muss man daher im ersten Rang als soziales Problem sehen, das nur bedingt etwas mit Hunden zu tun hat.

2

Im Einsatz seit Menschengedenken

Die Geschichte der Kampf- und Kriegshunde ist uralt. Schon in Ägypten und Mesopotamien waren sie im Einsatz. In den römischen Arenen kämpften Hunde massenhaft gegen andere Tiere und Gladiatoren. Die meisten der heutigen Kampfhunde-Rassen gehen auf England zurück, wo Tierkämpfe bis ins 19. Jahrhundert ein Volkssport waren. Daraus entstanden Rassen wie der Pitbull.

Der Pitbull und seine Urahnen

Natürlich ist er nur einer der Protagonisten in der Kampfhunde-Debatte. Andere Rassen sind ebenfalls Gegenstand einer ins Hysterische verirrten Wahrnehmung geworden. Doch wie kein Hund sonst wurde er in der Öffentlichkeit mit dem Kainsmal des Bösen versehen, dämonisiert von Medien und vulgärer Massenmeinung als Ausgeburt des bedrohlichen Kampfhundes schlechthin: Der Pitbull. Seine Vorfahren stammten aus England. Man nannte sie dort Staffordshire Bull Terrier. Der Name verweist auf die Region Staffordshire, ein Zentrum der Industrialisierung in England. Die Rasse entstand aus Kreuzungen verschiedener Terriertypen mit Bulldogs. Mit Auswanderer-Familien gelangte der robuste Hund über den Atlantik nach Amerika, wo sich langsam entwickelte, was wir heute Pitbull nennen. Mit dem Bulldog hat der Pitbull einen Urahnen, der seinerseits auf den Mastiff zurückgeht. Und der Mastiff wiederum ist einer jener doggenartigen Hunde, wie sie schon in den frühsten Tagen unserer Zivilisation erwähnt werden. Damit sind wir mitten in der langen gemeinsamen Vergangenheit von Hund und Mensch angekommen.

Kriegs- und Kampfhunde der Antike

Doggenartige Hunde sind so etwas wie Prototypen starker und grosser Hunde mit hoher Wehrhaftigkeit, die schon früh "fürs Grobe" eingesetzt wurden. Sei es zum Schutz der Herde gegen wilde Tiere, zur Verteidigung von Haus und Hof, auf der Jagd, zum Packen von grossem Wild, zum Treiben von Vieh und im Krieg. Es ist nicht geklärt, wo und wie genau sie entstanden sind. Wahrscheinlich bildeten sich doggenartige Hunde unabhängig voneinander an verschiedenen Orten heraus.

Zeugnisse von solchen Hunden gibt es indessen viele und uralte. Bereits in Persien und Mesopotamien muss es sie gegeben haben, sind doch auf Bildern starke und kräftige Hunde auszumachen. Anatolische Felsmalereien aus einer Zeit um sechs bis sieben Tausend Jahre v. Chr. lassen grosse Hunde an der Seite eines Jägers erkennen. Auf sumerischen Siegeln aus dem dritten vorchristlichen Jahrtausend sind doggenartige Hunde bei der Jagd auf Wildschweine und Löwen zu sehen. In Kriegen kamen doggenartige Hunde ebenfalls schon früh zum Einsatz. Der berühmte Tutenchamun (ca. 1'300 Jahre v.Chr.) ist auf einer Abbildung mit grossen, kräftigen Kriegshunden zu sehen. Aus den Perserkriegen (490 bis 449 v.Chr.) berichtet Herodot von kämpfenden Hunden. Alexander der Grosse begegnete auf seinen Eroberungen vielen, grossen Kampfhunden. Der Hunnenkönig Attila soll ebenfalls riesige Kampfhunde eingesetzt haben.

Bis zur Erfindung der Feuerwaffe waren Hunde durchaus effiziente Kriegsteilnehmer. Man befestigte beispielsweise Messer oder Pechfackeln an ihnen und schickte sie in die Reihen der gegnerischen Kavallerie. Eine andere Taktik sah so aus: Der Hundeführer schritt zunächst alleine den feindlichen Soldaten entgegen. Ein

Sklave hielt den Hund zurück. Sobald es zum Nahkampf Mann gegen Mann kam, liess der Sklave den Hund los, der sich auf den Gegner stürzte im Bestreben, seinem Meister zu Hilfe zu eilen.

Römer, Mittelalter, Neuzeit

Wichtig ist die Bezeichnung "Molosser", die bis heute als Oberbegriff für grosse, massige Hunde verwendet wird. Das Wort geht auf die griechische Region Molossis in Epirus zurück. Was in der Überlieferung mit "Molosser" gemeint war, lässt sich nicht immer ganz klären. Die Römer haben den Begriff relativ undifferenziert für allerlei grosse und kräftige Hunde verwendet. Dennoch scheint ein gewisser realer Zusammenhang zur Region Molossis (oder weiter gefasst zu Griechenland allgemein) zu bestehen. Xerxes gelangte während den Perserkriegen im 5. Jahrhundert v.Chr. mit einer grossen Meute an Kriegshunden nach Griechenland. Alexander der Grosse brachte von einem Eroberungszug 150 Kampfhunde mit, die ihm in Indien geschenkt wurden und die er als Basis für eine eigene Zucht nahm. An diesen Beispielen lässt sich ablesen, dass viele grosse und kräftige Hunde von Osten her nach Griechenland gelangten, deren Ursprung womöglich bis nach Indien, Zentralasien, sogar China und Tibet zurückreichten. Diese Hunde wurden in den Stammraum der römischen Kultur importiert und gelangten von dort bis über die Alpen. Am Limes etwa wurden solche Molosser an den Grenzbefestigungen eingesetzt.

Generell bildete sich bei den Römern bereits eine differenzierte Rassen- und Nutzungsvielfalt heraus. Ein besonderes Einsatzgebiet von grossen und starken Hunden in römischer Zeit war der Kampf in den Arenen. Die Grausamkeit können wir uns heute kaum noch vorstellen. Gehetzt wurde alles auf alles. Tiere wie Elefanten, Löwen, Tiger und – als diese rar wurden – vermehrt Bären kamen in die Arena und kämpften gegeneinander oder wurden einfach hingemetzelt. Hunde wurden ebenfalls nicht verschont, man liess sie beispielsweise gegen Bären antreten. Aber die moralischen Tiefen sind damit noch nicht erreicht. So wurden Menschen in die Kämpfe einbezogen, die berühmten Gladiatoren. Oder Christen wurden teilweise in Felle eingenäht und Tieren vorgeworfen. Viele der Opfer wurden so auch von Hundemeuten zerrissen.

Die Germanen brachten den Hunden ebenfalls grossen Respekt entgegen und übertrugen ihnen vielfältige Aufgaben – nicht zuletzt im Krieg, wie die Römer in einer Schlacht gegen den Stamm der Kimbern schmerzlich erfahren mussten. Letztere waren bereits tödlich geschlagen. Doch ihre Hunde setzten den Kampf fort und verteidigten ihr Lager noch, nachdem es von ihren Herren bereits aufgegeben worden war.

Im Mittelalter und bis in die Neuzeit fanden schwere Hunde in kämpferischer Mission noch regen Gebrauch bei der Jagd auf grosses und wehrhaftes Wild. Beliebt war die Sauhatz. Aber auch auf Bären, Bullen oder Hirsche wurden die starken Hunde gehetzt. Andere wiederum dienten als abschreckende Bewacher. Auch in Kriegsdiensten standen sie noch. Als die Normannen 1066 in England landeten, setzten ihnen die Verteidiger grosse Kriegshunde entgegen. Doch die normannischen Eroberer wussten, dass es sich dabei um Rüden handelte. So schickten sie Hündinnen vor, um die vermeintlich starken Hunde-Männer zu irritieren. Offenbar mit Erfolg, wie der Fortgang der Geschichte zeigt: Die Normannen rissen die englische Krone bekanntlich an sich. Auch noch viel später, bei der Eroberung Südamerikas, fanden Blut- und Kampfhunde Verwendung in einer äusserst traurigen Rolle als gnadenlose Menschenhetzer.

Der militärische Nutzen von Hunden sank jedoch zusehend. Je grösser die Reichweite der eingesetzten Waffen, desto wirkungsloser agierten die Kampfhunde. Im ersten und zweiten Weltkrieg wurden zwar noch zehntausende Hunde rekrutiert. Die Rote Armee setzte sie sogar zur Bekämpfung von Panzern ein. Man schnallte ihnen eine Sprengladung um und trieb sie unter die feindlichen Panzer, wo die Ladung gezündet wurde. Doch die neue Waffentechnik mit ihrer ungeheuerlichen Feuerkraft liess den Hunden an der Frontlinie moderner Kriege keine Chance. So leisteten sie ihre Dienste mehr im Rückwärtigen als Sanitäts-, Melde-, Transport- oder Spürhunde. Und dies ist bis heute so geblieben.

England – die Heimat vieler aktueller Kampfhunderassen

Hundekämpfe waren auf den britischen Inseln seit alters her beliebt. So erstaunt es nicht, dass viele der heute noch existierenden Kampfhunde-Rassen auf England zurückgehen. Stiere, Wildschweine, Bären und andere Tiere waren die Gegner. Andrea Steinfeldt beschreibt die Kämpfe in ihrer Dissertation so: "Der erste verbürgte Bericht von einem Kampf zwischen einem Bären und sechs "Bärenhunden" stammt aus dem Jahr 1050 n. Chr. Zur Belustigung des englischen Adels wurden die wild lebenden Bären in Fallen gefangen und zum Kampf gegen die Mastiffs gestellt. Bald entstanden rund um London eigens für den Bärenkampf angelegte Arenen, sog. "bear garden", in denen Bullen, Bären oder andere Raubtiere für die Tierkämpfe gehalten wurden. Grosse Förderer der Tierkämpfe waren die englische Königin Elisabeth I und James I, der sogar im Tower zu London eine grosse Anzahl von Bären und Löwen hielt und dort mit ihnen züchtete. Während der Regierungszeit von Elisabeth I (1558 - 1603) verbot sogar der Gemeine Kabinettsrat alle anderen Veranstaltungen am Donnerstag. Dieser Wochentag wurde traditionell für die "baitings" freigehalten, damit jedermann die Tierkämpfe besuchen konnte." (S. 43-44)

Zwei Hundetypen sind als Vorfahren der heutigen Kampfhunderassen wichtig: Der englische Mastiff und der Bulldog. Wie die Mastiffs entstanden sind, lässt sich nicht mehr eindeutig nachweisen. Möglicherweise handelte es sich um einen autochtonen Hundetyp, der selbständig auf den britischen Inseln entstanden ist. Vielleicht wurden sie aber auch von Kontinentaleuropa nach Britannien gebracht, wobei nicht auszuschliessen ist, dass ihre Wurzeln sogar bis nach Indien oder sogar Tibet (Tibetdogge) zurückreichen. Als die Römer die britischen Inseln eroberten, stiessen sie auf den Widerstand von Mastiffs. Deren Kampfeskraft musste so beeindruckend gewesen sein, dass die Römer solche Hunde in ihre Heimat brachten, um sie in den Arenen im Kampf einzusetzen. Dort stieg der englische Mastiff in den Rang einer zweifelhaften Legende auf – als dem Bezwinger der römischen Molosser.

Der Bulldog wiederum war ein enger Verwandter des Mastiff. Wahrscheinlich bildete er sich als kleinerer, stämmigerer Abkömmling heraus und spezialisierte sich (selbstredend) auf das Hetzen und Beissen von Bullen. Erstmals wörtlich erwähnt wird das Wort "Bulldog" im Jahre 1630. Die Entstehung der Bullenkämpfe selbst war wahrscheinlich ein Zufall. Es gibt dazu eine Legende aus dem 13. Jahrhundert, und die geht so: Zwei Bullen haben sich auf einer Wiese um eine Kuh gestritten. Plötzlich kamen Hunde und haben einen der Bullen durch die ganze Stadt gehetzt. Der Besitzer der Bullen fand das äusserst lustig. Er übergab den Metzgern die Wiese zum Gebrauch. Als Gegenleistung mussten sie einmal pro Jahr einen Bullen bereitstellen, der von Hunden gehetzt wurde. Daraus entwickelte sich ein echter Volkssport. Höhepunkt der Bullenkämpfe war die zweite Hälfte des 17. Jahrhunderts. Bevor ein Bulle geschlachtet wurde, musste er stets von einem Bulldog gehetzt worden sein. Man glaubte, das Fleisch würde so zarter. Es soll sogar immer wieder vorgekommen sein, dass Metzger angeklagt wurden, weil sie ein Tier schlachteten, ohne es zuvor von einem Hund hetzen zu lassen.

Die Anatomie der heutigen Bulldogs lässt noch klar erkennen, dass sie auf den Kampf gegen Bullen hin gezüchtet wurden, wenngleich es in der modernen Zeit ganz klar zu züchterischen Exzessen kam. Die Tiere sind zu schwer, unbeweglich – und wohl kaum noch in der Lage, einen Kampf zu führen. Die kurze Schnauze ermöglichte ein Verbeissen in den Bullen, wobei die Hunde ihren Gegner meist an der Nase attackierten. So wurde kein wertvolles Fleisch zerbissen oder die ebenfalls begehrte Haut beschädigt. Der Hund näherte sich in möglichst geduckter Stellung dem Bullen, damit er nicht auf die Hörner genommen wurde. Deshalb wurden sie tief gezüchtet.

Die Bullenkämpfe waren brutal und folgten strikten Regeln. Die Stiere waren zwar meist angepflockt. Dennoch wussten sie sich zur Wehr zu setzen. Oftmals flogen die Hunde durch die Luft, brachen sich beim Aufprall die Knochen. Anderen wurde der Bauch durch die Hörner aufgeschlitzt. Für viele endete der Kampf tödlich. Die Kämpfe arteten immer mehr aus. Bullen wurden zum Teil die Füsse abgehackt. So verstümmelt wurden sie den Hunden vorgeführt. Perverser Höhepunkt war eine Geschichte aus London, als sich ein Mann in den Ring stellte, um gegen einen Hund zu kämpfen. Dem Mann soll dabei ein halbes Ohr abgebissen worden sein.

Das Verbot von Tierkämpfen und die Entstehung des Pitbulls

Ab dem 18. Jahrhundert wandelte sich jedoch die öffentliche Wahrnehmung. Tierkämpfe wurden zunehmend als vulgär und tierquälerisch wahrgenommen. 1835 wurden sie in England schliesslich durch das Gesetz verboten. Doch die Tierkämpfe fanden trotz Verbot weiterhin statt – jedoch in der Illegalität. Im Verborgenen konnte man aber keine grossen Tiere wie Bullen auftreten lassen. So kamen Kämpfe mit kleineren Tieren auf: Hunde traten etwa an gegen Ratten, Dachse, Hähne und natürlich andere Hunde. Diese Kämpfe beanspruchten weniger Platz und wurden in Hinterhöfen und Lagerhallen abgehalten, womit man das Verbot umgehen konnte. Aber die Ausrichtung auf den Kampf mit kleineren Tieren hatte auch einen sozialen Grund und setzte schon vor dem Verbot von Tierkämpfen ein. Denn die Einsätze bei den Bullenkämpfen wurden für die sozial schwächeren Schichten zu teuer. Kämpfe mit kleineren Tieren hingegen blieben für den armen Mann erschwinglich.

Nur brauchte man dazu leichtere und wendigere Hunde. Die Bulldogs waren zu schwer für diese Art des Kampfes. So kreuzte man Terrier ein, wobei nicht geklärt ist, welche Terrierarten eingebracht wurden und in welchem Ausmass. Ausserdem wurden oftmals noch andere Rassen eingezüchtet, um das gewünschte Resultat zu erreichen. Die Wendigkeit der neuen Züchtungen brauchte man nicht zuletzt auch deshalb, um den Kampf dynamischer werden zu lassen, was mehr Spektakel versprach, während sich die alten Bulldogs eher statisch in ihren Gegnern verbissen. Die Zuchtkriterien waren auf Leistung ausgerichtet: Gameness und Athletik. Vor allem der Begriff der "Gameness" zirkuliert in der Kampfhunde-Debatte bis heute. Damit ist im weitesten Sinne die Bereitschaft zu kämpfen gemeint, vor allem auch, unter Schmerzen weiter zu machen. Das Resultat der Zuchtselektion war insgesamt ein Hund, der unter hohem Stress stabil und durch den Handler (Hundeführer) kontrollierbar blieb.

Das Wesen dieser neuen Mischungen mit Terrierblut war überragend: intelligent und loyal. Sogar der Schriftsteller Sir Walter Scott schrieb 1832 über seinen geliebten Hund Wasp: "The wisest dog I have had was what is called the Bull and Terrier." Obwohl diese Hunde sehr engagiert im Ring kämpfen konnten, waren sie äusserst friedfertig gegenüber Menschen, nicht zuletzt gegenüber Kindern. Hunde, die sich aggressiv gegen Menschen zeigten, wurden aus der Zucht genommen. Das war nicht nur Tierliebe, sondern hatte einen besonderen Zweck. Oftmals nämlich verfingen sich zwei kämpfende Hunde im Ring so sehr ineinander, dass sie von den Handlern auseinander gerissen werden mussten. Dies gelang aber nur mit Hunden, die dies auch zuliessen und ihren Kampfeseifer nicht auf die Handler (Hundeführer) lenkten.

Eine der ersten Rassen, die aus diesen Bulldog-Terrier-Kreuzungen entstand, war der Bullterrier, der bis heute gezüchtet wird und kaum erstaunlicherweise regelmässig als "Kampfhund" tituliert wird. Schon Anfang des 19. Jahrhunderts soll sich der Bullterrier als Rasse herauskristallisiert haben. Die geographischen Ursprünge gehen auf die englischen Kohlefördergebiete zurück. Wendiger sollten die Bullterrier sein als der schwere Bulldog. Damit konnte man sie gut beim Rattenbeissen oder im Kampf gegen Dachse einsetzen. Die grösseren Exemplare liess man dagegen eher in die Pit (Kampfring) steigen, also in das Duell Hund gegen Hund.

In einem ganz ähnlichen Milieu und ungefähr zur gleichen Zeit entstand der Staffordshire Bull Terrier, der ebenfalls einer Mischung aus Bulldog und Terrier entstammte und als unmittelbarer Vorfahre des Pitbulls gilt. Gezüchtet wurde die Rasse ursprünglich in den armen sozialen Milieus der englischen Grafschaft Stafforsdshire. Dort herrschten ärmliche, frühkapitalistische Lebensbedingungen. Die Hunde lebten mit ihren Familien in beengten Verhältnissen. Ihre Kinderfreundlichkeit war daher legendär – so legendär, dass sich die Bezeichnungen "Nursmaid Dog" oder "Nanny Dog" (Kindermädchen Hund) einbürgerten. Das Arbeitsleben war äusserst hart. Oft forderten Unfälle in den Gruben Tote. Es verwundert vor diesem Hintergrund nicht, dass man in den Hundekämpfen – so grausam sie uns heute erscheinen mögen – nichts Schlimmes erkannte, wo man doch selbst ums Überleben zu kämpfen hatte. Ausserdem boten sie eine der wenigen Freizeitbeschäftigungen, bei denen ein gewöhnlicher Arbeiter mit Siegen etwas Ruhm und mit Wetteinsätzen sogar etwas Geld holen konnte.

Nationalhund der USA

Angesichts der prekären Lebensverhältnisse suchten viele Auswanderer eine bessere Zukunft in Amerika. Vor allem nach dem amerikanischen Bürgerkrieg (1865) gab es grosse Abwanderungen aus den industriellen Zentren Englands Richtung Nordamerika. Auch aus der Grafschaft Staffordshire wanderten die Leute ab. Und natürlich nahmen sie ihre Hunde mit. So kam der Staffordshire Bull Terrier nach Amerika. Klar waren die Auswanderer keine braven Bürgersöhne. Sie gaben ihre rauhen Sitten bestimmt nicht an der Pforte zur Neuen Welt ab und veranstalteten in der neuen Heimat ihre alten Hundekämpfe.

Aber nicht alle Hunde der Einwanderer wurden im Kampf eingesetzt. Man übertrug ihnen viele andere Aufgaben. Schon kurz nach ihrer Ankunft in der Neuen Welt sah man sie in Dörfern und auf Höfen. Die Hunde mussten arbeiten. Es waren harte Zeiten. Sie betätigten sich als Wachhunde, verscheuchten Diebe, Wegelagerer und wilde Tiere. Oftmals wurden sie zum Einfangen des Viehs benutzt. Die Hunde wurden auf dem neuen Kontinent etwas grösser gezüchtet als in England, damit sie den vielfältigen Aufgaben gewachsen waren. Gut möglich, dass Rassen wie der Airdaile Terrier oder Boxer eingekreuzt wurden, was sich auf die Grösse auswirkte. Bestimmt wurde ziemlich wild verpaart. So entwickelte sich mehr und mehr, was man als Pitbull bezeichnen könnte – wenngleich es sich noch um keine Rasse im heutigen Sinn handelte. Doch mangels besserer Bezeichnung sollen diese Einwandererhunde jetzt einfach als "Pitbulls" bezeichnet werden.

Die harte Arbeit prägte das Wesen dieser Hunde. Sie lebten in grosser Nähe zu ihrer Familie in engen und einfachen Verhältnissen, oftmals isoliert von der nächsten Siedlung. So erstaunt es nicht, dass sie eine grosse Anhänglichkeit gegenüber ihrem "Rudel" entwickelten, das bis heute sprichwörtlich geblieben ist. So brachte der Pitbull die mentalen Voraussetzungen mit, um äusserst populär zu werden. Kurzum: Der Pitbull war der Hund der Gründerväter der USA und hat sich tief in der Seelengeschichte des Landes verankert. Zu Beginn des 20. Jahrhunderts war er so beliebt, dass man ihn den "Yankee Terrier" nannte. Der Pitbull war so etwas wie der Nationalhund der Vereinigten Staaten.

Einige Pitbulls brachten es zu grössten öffentlichen Ehren. Stubby beispielsweise wurde zum bekanntesten Kriegshund der USA. Er war bei der 102nd Infantry, einer Einheit aus Connecticut. Er ging durch das Feuer von 17 Schlachten des 1. Weltkrieges. Er wurde mit Orden ausgezeichnet und bekam sogar den Rang eines "Honory Sergeant", nachdem er einen deutschen Späher, der die amerikanischen Schützengräben ausspionierte, gestellt und so lange festgehalten hatte, bis er festgenommen werden konnte. Überraschender noch: Stubby war so populär, dass er von drei amerikanischen Präsidenten empfangen wurde: Woodrow Wilson, Warren G. Harding und Calvin Coolidge. Man stelle sich das heute vor: Ein Präsident – es bräuchte ja nicht mal ein amerikanischer zu sein – gäbe einem Pitbull eine öffentliche Referenz.

Zwei andere berühmte Kriegshunde waren ebenfalls Pitbulls oder ein Typ davon: Sallie und Jack. Beide dienten im Sezessionskrieg bei den Truppen des Nordens. Jack geriet einmal sogar in Gefangenschaft feindlicher Truppen. Doch so beliebt war er, dass man ihn gegen einen eigenen Gefangenen zurücktauschte. Man sammelte sodann 75 Dollar im Regiment, um ihm zu Ehren ein silbernes Halsband anfertigen zu lassen. Möglicherweise wurde dieses Halsband zu seinem Verhängnis. Gewissen Quellen zufolge soll er nämlich von Räubern getötet worden sein, die es auf das wertvolle Halsband abgesehen hatten. Sallie war ebenfalls sehr beliebt. In Gettysburg, wo eine der grössten Schlachten im Sezessionskrieg stattfand, steht ein Monument zu Ehren der Gefallenen. An dessen Fundament stösst man auf die Bronzestatue eines Hundes – nicht irgendein Hund, sondern ein Pitbull, nämlich Sallie.

1903 unternahm ein Mann namens Horatio Nelson Jackson und sein Mechaniker Sewall Crocker die erste Autofahrt quer durch ganz Amerika. Start war in Oakland, Kalifornien. Richtung: immer ostwärts. Schon nach 15 Meilen platzte ein Pneu. Doch die beiden liessen sich nicht entmutigen und fuhren weiter. So erreichten sie ein Ort namens Caldwell, Idaho. In der Nähe des Ortes kauften sie einen Hund, Bud. Gewisse Legenden wollen sogar wissen, sie hätten ihn gestohlen. Jedenfalls fuhr Bud von da an mit. Natürlich musste er eine Fliegerbrille tragen. Schliesslich fand die Fahrt noch im offenen Auto statt, so dass die Augen des Hundes vor Staub und Fahrtwind geschützt werden mussten. Daraus entstand eine Legende: Das Bild des sitzenden Bud mit der aufgesetzten Fliegerbrille ging in die Analen ein, wie die ganze Fahrt überhaupt. Bud machte die Reise durch ganz Amerika mit. Und Bud war, was man heute einen Pitbull-artigen Hund nennen würde. Heute hätte er das Ziel der Reise wohl kaum erreicht, sind doch in vielen Teilen Amerikas Pitbulls verboten.

Auch auf der Leinwand erfreuten sich Pitbulls grösster Beliebtheit. Petey war so einer – das Maskottchen von Our Gang, auch bekannt als The Little Rascals. Dabei handelte es sich um eine Serie von

Kurzfilmen, die in der sozialen Unterschicht spielten. Hauptakteure waren Kinder, Haupthandlung die kleinen und grossen Abenteuer eben dieser Kinder. Die Serie startete 1922 und dauerte bis 1944.

Der Pitbull – keine einheitliche Rasse

Wenn wir hier von Pitbull reden, so dürfen wir uns nicht Hunde einer klar normierten Rasse vorstellen. Korrekter wäre es, von Pitbull-ähnlichen oder Pitbull-artigen Hunden zu reden. Der Rassebegriff war und ist zum Teil bis heute sehr heterogen. Vieles und Unterschiedliches konnte und kann als Pitbull gelten. Bis ins 19. Jahrhundert hinein folgte die Zucht ohnehin mehr oder weniger der Intuition, immer den konkreten Verwendungszweck der Hunde im Auge. Aus dieser ganzen Masse von Pitbull-ähnlichen Hunden kristallisierten sich schliesslich zwei fast identische Rassen heraus, die bis heute bestehen: Der American Pit Bull Terrier sowie der American Staffordshire Terrier. Im Prinzip handelt es sich um die gleiche Rasse, bis 1936 wurde gar nicht zwischen den beiden unterschieden. Doch die Aufspaltung in zwei separate "Varianten" hat einen konkreten Grund: die einen wollten weg von den Hundekämpfen – die anderen wollten die Zucht nach wie vor auf Kampftauglichkeit ausrichten.

Der Pitbull war der Hund jener Züchter, die an Hundekämpfen festhielten. Der erste Verein, der den Namen "American Pit Bull Terrier" offiziell verwendete und einen Standard veröffentlichte, war der United Kennel Club (gegründet 1898). Ein eigenes Zuchtbuch für die Rasse wurde jedoch erst 1921 eröffnet. Im Kontrast dazu bildete sich der American Staffordshire Terrier als Rasse heraus, deren Liebhaber nichts mehr mit Hundekämpfen zu tun haben wollten und einen Familienhund anstrebten. Die Freunde des American Staffordshire Terriers beantragten die Anerkennung der Rasse ihrerseits im American Kennel Club. 1936 wurde ihr Klub (der Staffordshire Terrier Club of America) in den American Kennel Club aufgenommen und die Rasse anerkannt.

Wie man sieht: Als offizielle Bezeichnung der Rasse wählte man "Staffordshire Terrier". Der Grund: Man wollte sich klar von der damals noch viel gebräuchlicheren Bezeichnung "Pit Bull Terrier" abgrenzen und das Wort "pit" (also Kampfring) nicht mehr in der Rassebezeichnung führen. Der heute gebräuchliche Name "American Staffordshire Terrier" entstand erst später – und zwar in Abgrenzung zum englischen "Staffordshire Bull Terrier", dem Hund, den die englischen Einwanderer aus der Region Staffordshire mit nach Amerika brachten und den es bis heute als selbständige Rasse gibt. Durch die Mitgliedschaft im American Kennel Club erhielt der Rassestandard des American Staffordshire Terriers auch in der internationalen Zuchtszene Anerkennung. Der Rassestandard ist heute vom Welthundeverband FCI anerkannt.

Jetzt stellt sich natürlich die Frage: Ist der Pitbull nach wie vor ein Kampfhund, während sich der American Staffordshire Terrier zum Familienhund mauserte? Das muss man sehr differenziert sehen. Denn glasklar war die Aufspaltung in zwei Rassen nie. Pitbulls und American Staffordshire Terrier haben sich immer wieder vermischt. Viele Exemplare galten gleichzeitig als Pitbull und American Staffordhire Terrier und wurden sogar parallel in den Stammbüchern beider Rassen geführt. Ausserdem sind auch an den Pitbull-Freunden die Zeichen der Zeit nicht spurlos vorbeigegangen. Der United Kennel Club etwa hat sich mittlerweile von Hundekämpfen losgesagt. Wie es in der Dissertation von Andrea Steinfeldt heisst: "Heute soll sich der Verein jedoch deutlich von den illegal abgehaltenen Hundekämpfen distanziert haben und schliesst (...) jeden Hund und / oder dessen Besitzer aus, der an Hundekämpfen beteiligt ist." (S. 90)

Unter seinen Aktivitäten führt der United Kennel Club auf seiner Homepage auf: Agility, Ausstellung (Conformation), Dock Jumping (Weit- und Hochsprung), Schutzdienst, Jagd-Programme, Terrierrennen, Obedience, Terrierrennen, Junior Handling und natürlich Gewichtsziehen (Weight Pull). Letzteres ist gerade für die Bull-Rassen spannend, da dieser Sport einen kräftigen Körperbau erfordert und ihrem starken Willen gut entgegenkommt. Das Programm unterscheidet sich damit nicht von den Aktivitäten anderer Hundevereinigungen. Von Kampf ist keine Rede mehr. Alles in allem kann man wohl sagen: Der Einsatz im Kampf und die züchterische Ausrichtung auf Kampftauglichkeit hat beim Pitbull heute genauso den Status einer perversen Verirrung wie bei jeder anderen Hunderasse auch.

Bei allem bleibt der Begriff "Pitbull" – vordergründig eine klare Rassebezeichnung – inhaltlich nicht ganz geklärt und wird in der öffentlichen Diskussion oft widersprüchlich verwendet. Wenn also von Pitbull die Rede ist, so muss das nicht heissen, dass es sich auch um einen Pitbull handelt. "Pitbull" bleibt ein vages Konstrukt. Andrea Steinfeldt schreibt: "Im öffentlichen Sprachgebrauch halten die Verwirrungen um die Namensgebung der Rasse bis heute an. (...) Weiterhin werden oft auch American Staffordshire Terrier, Staffordshire Bull Terrier, Bull Terrier und Bulldoggen und deren Kreuzungen miteinander oder mit anderen Hunderassen in der Öffentlichkeit als "Pit Bulls" angesehen." (S. 92)

Auch Karen Delise beschreibt in ihrem Buch "Fatal Dog Attacks", "Pitbull" sei ein sehr genereller Begriff, der von den Medien und der Öffentlichkeit eingeführt wurde, um einen Typ von Hund zu beschreiben, etwa so wie man von "Spaniel" oder "Bracke" (hound) oder "Hirtenhund" spricht. Darunter kann ein breiter Fächer von Rassen fallen. Delise schreibt: "Der Begriff wird gewöhnlich gebraucht, um den American Pit Bull Terrier, den American Staffordshire Terrier, den Bull Terrier, den Staffordshire Bull Terrier und fast alles, was so ähnlich wie diese Hunde aussieht, zu beschreiben." (S. 81)

Wie unzuverlässig Rassebezeichnungen – gerade noch in der Presse – sind, zeigt Karen Delise an einem bezeichnenden Beispiel: "1909 wurde ein Mann in New York City von einem Hund getötet. Die New York Times brachte die Geschichte auf der Frontseite, und an den folgenden Tagen nahm sie die Attacke und die Hunderasse in Editorials auf. Auf den Hund wurde wechselnd und auswechselbar als "Bulldog" und "Bull Terrier" Bezug genommen, auch wenn es sich dabei definitiv um zwei verschiedene Hunderassen handelt." (S. 82) Irgendwo stinkt es also bei der Zuordnung der Rasse. Doch solche konfusen Rassenbezeichnungen sind in Presseberichten nicht unüblich, wie Karen Delise in "Fatal Dog Attacks" aufzeichnet. Sie untersuchte viele Medienberichte und stellte fest, dass zwischen 1909 und 1979 sehr allgemeine Begriffe wie "Bulldog" oder "Bullterrier" benutzt wurden. Zwischen 1980 und 2000 erfolgte dann eine Subsumierung dieser Bezeichnungen unter "Pitbull". (S. 82)

Hundekämpfe heute – eine kriminelle Randerscheinung

Der Pitbull ist in den USA bis in die jüngste Zeit sehr verbreitet. Andrea Steinfeldt schreibt: "Seit Anfang der 1980er Jahre wurde der American Pit Bull Terrier in Amerika enorm populär. Mittlerweile soll der Pit Bull die populärste Hunderasse Harlem's sein. (...) Ein Grossteil dieser Tiere ist weder registriert noch treten sie in den Hundestatistiken auf. Und da, wie bereits erwähnt, unter der Bezeichnung "Pit Bull" oftmals die verschiedensten Hundetypen und Rassen eingeordnet werden, existieren heute keine eindeutigen Angaben über die Anzahl der tatsächlich gehaltenen Hunde." (S. 94)

In der Schweiz dagegen ist der Pitbull und der American Staffordshire Terrier eher eine Randerscheinung. Die Population schwankt irgendwo im einstelligen Prozentbereich der Gesamthundepopulation. 2007 gab es in der Schweiz gemäss ANIS (Animal Identity Service AG) 1'915 American Staffordshire Terrier, 867 Pitbulls und 534 Staffordshire Bull Terrier. Das sind zusammen 3'316 Exemplare oder gerade mal 0,7% aller registrierter Hunde. Dass diese Rassen noch als Kampfhunde bezeichnet werden, ist eine Referenz an ihre ursprüngliche Funktion irgendwann vor mehr als 150 Jahren und spiegelt eine Begebenheit aus sehr fernen Tagen, die nichts mit der heutigen Situation zu tun hat. Die

Zucht dieser Rassen hat in der Schweiz keinerlei Bezug zu Hunde-kämpfen. Der American Pitbull Terrier Club der Schweiz erwähnt in seinen Statuten explizit die "Bekämpfung von Hundekämpfen" als Aufgabe. Auch die Statuten des American Staffordshire Terrier Clubs - Schweiz bekennen sich ganz klar zu höchster Seriosität. So wird beispielsweise explizit die Beachtung der Tierschutzgesetz-gebung erwähnt. Klickt man sich ein bisschen durch die Homepa-ges der beiden Klubs, so unterscheiden sich die Aktivitäten in nichts von anderen Hundeklubs – Sport, gesellige Anlässe und gerade beim American Staffordshire Terrier auch Ausstellungen.

Trotz hoher, ja vorbildhafter Seriosität der offiziell organisierten Züchter- und Liebhaberkreise ist zu befürchten, dass Hundekämpfe in den Tiefen der Illegalität heute immer noch blutige Realität sind. Über die USA schreibt Andrea Steinfeldt: "In Amerika wurden Hundekämpfe teilweise sogar öffentlich angekündigt, ohne dass die Polizei einschritt. Im Jahr 1976 fand deshalb eine öffentliche Anhörung statt und der amerikanische Kongress schaltete sich ein. Dennoch konnte das Problem der Hundekämpfe nicht beseitigt werden." (S. 119) In Amerika sterben gemäss "Commission on Animal Care and Control of Chicago" jährlich rund 1'500 Hunde in Hundekämpfen (zitiert A. Steinfeldt, S. 128), obwohl in allen Bun-desstaaten Hundekämpfe mittlerweile verboten sind.

Doch auch in anderen Ländern sind Hundekämpfe trotz Verbot nach wie vor nicht ausgemerzt. So berichtet Steinfeldt über eine Razzia in Deutschland: "Am 27.10.1990 nahm die Kriminalpolizei Celle im niedersächsischen Ummern im Rahmen einer Razzia mehrere Personen fest, die im Kühlhaus eines ehemaligen Flei-schereibetriebes einen Hundekampf abhielten. Die betroffenen Hunde erlitten erhebliche Verletzungen; bei einem Tier wurden 108 trennende Bisswunden gezählt. Obwohl die Pit Bull Terrier unmittelbar tierärztlich versorgt wurden, starb ein Tier innerhalb von 4 Tagen an Kreislaufversagen. Der andere Hund musste infol-ge hochgradig gestörten Sozialverhaltens euthanasiert werden. Neben zahlreichen Medikamenten zur Wundbehandlung und Dauertropfinfusion wurden bei den Tatverdächtigen auch 8'000 Schweizer Franken, sowie 13'500 DM sichergestellt. Im anschliessenden Prozess erhielten die bereits mehrfach vorbestraften (Diebstahl, Fahrerflucht, Körperverletzung, Verstoss gegen das Arzneimittelgesetz, etc.) Männer eine Freiheitsstrafe von 8 Monaten auf Bewährung." (S. 124) Auch in der Schweiz scheint das Übel noch immer nicht vollständig ausgemerzt. Im "Tagesanzeiger" heisst es in einem Artikel vom 12. April 2008: "In Zürich finden laut Insidern immer wieder Hundekämpfe statt, und zwar meist unbehelligt von der Justiz, obwohl solche Kämpfe verboten sind. Denn die Tiere werden versteckt gehalten."

Dem Problem von Hundekämpfen beizukommen dürfte nicht einfach sein. Hundekämpfe finden in tiefster Illegalität und in einem kaum zugänglichen Milieu statt. Natürlich treffen die Veranstalter Vorkehrungen, um nicht aufzufliegen. Meist weiss nur der Veranstalter den Austragungsort, wobei die interessierten Teilnehmer erst im allerletzten Moment davon in Kenntnis gesetzt werden, wo der Kampf stattfindet. Man darf annehmen, dass die moderne Mobilfunktechnik das Prozedere massgeblich zugunsten der illegalen Veranstalter vereinfacht hat – analog etwa zu Absprachen für illegale Demonstrationen oder sonstigen Aktionen. Doch das sind Mutmassungen.

Fakt ist: Hundekämpfe gibt es immer noch. Wie gross das Ausmass ist, lässt sich indessen nur schwer eruieren. Es ist aber sicher nicht vermessen, wenn man spekuliert, das Phänomen sei eher eine Randerscheinung im Spektrum krimineller Handlungen. Ausserdem muss man sich eins vor Augen halten: Es ist nicht klar, welche Hunderassen in diesen Hundekämpfen eingesetzt werden. Es ist durchaus nicht zwingend, dass es sich dabei nur um die historisch gewachsenen Kampfhunderassen handeln muss. Vielmehr ist anzunehmen, dass die Veranstalter von Hundekämpfen keinen Wert auf die historische Herkunft einer Rasse legen, sondern ganz einfach Hunde einsetzen, die sich als kampftauglich erweisen, ganz egal welcher Rasse – oder die auch gar keiner Rasse angehören, sondern Mischlinge sind, die sich als besonders kampffreudig erwiesen haben.

Petra Dreßler stellt in ihrer Arbeit "Medienspektakel um Kampfhunde" etwas Erstaunliches fest: "Trotz ständiger Wiederholung des Begriffs Kampfhund, berichtet die Presse nicht über kämpfende Hunde. Dabei ist diese Brutalität, Hunde kämpfen zu lassen, recht häufig, in manchen Kreisen fast alltäglich. Vielleicht glaubt die Presse, den Leser interessiere dieses Thema nicht, weil es sich ja "nur" um die ohnehin gehassten "lebende(n) Kampfmaschine(n)" handle und nicht um "süsse" Tierchen, die Mitleid auslösen." (S. 49) Deshalb ist auch klar: Wenn von Kampfhunde-Debatte die Rede ist, so ist damit keineswegs die Problematik von Hundekämpfen gemeint. Vielmehr handelt es sich dabei um eine diffuse Angst vor Hunden, die als besonders gefährlich gelten und meist bestimmten Rassen zugeordnet werden, die manchmal – manchmal aber auch nicht – eine Geschichte als Kampfhunde aufweisen, heute aber nicht mehr als solche benützt werden und immer wieder im Zusammenhang mit tragischen Unfällen ins Rampenlicht der öffentlichen Wahrnehmung gezerrt werden.

Andere Rassen im Fokus

Wir haben jetzt bereits einige Kampfhunderassen kennen gelernt. Aber es gibt noch viele andere Rassen, die immer wieder als Kampfhunde bezeichnet werden. Zum Teil weisen sie eine Vergangenheit mit realen Einsätzen in Kämpfen gegen Hunde oder andere Tiere auf – zum Teil aber auch nicht. Manchmal stehen sie im Zusammenhang mit der Geschichte der Mastiffs, Bulldoggen und Molosser, wie wir sie bereits angeschnitten haben – zum Teil haben sie aber auch ihre ganz spezifische Entstehungsgeschichte.

Es ist ein sehr heterogener Haufen, der da immer wieder mit dem Begriff "Kampfhund" in Verbindung gebracht wird. Das, was mal hier, mal da, als Kampfhund bezeichnet wird, ist sehr unterschiedlich und ändert von Region zu Region und von Zeit zu Zeit. Schauen wir uns eine – natürlich nie vollständige – Auswahl an.

Cane Corso und Mastino Napoletano

Die beiden italienischen Rassen gelten regelmässig als Kampfhunde, was aus historischer Warte sicher nicht falsch ist, gehen doch beide auf die römischen-antiken Kampf- und Kriegshunde zurück. Doch die Rassen wurden nicht nur im Kampf und Krieg eingesetzt. Vielmehr bildeten sich vielseitige Verwendungszwecke heraus. Sie waren auch Wach-, Schutz- und Hütehunde. Der Cane Corso ist mitunter zur Jagd auf Wildschweine eingesetzt worden. Sein Erscheinungsbild soll seit der Römerzeit bis in die Gegenwart hinein sehr authentisch geblieben sein. Beim Mastino Napoletano ist nicht ganz klar, welche Rassen eingekreuzt wurden. Aber wahrscheinlich mischte er sich im weitesten Sinne mit Mastiffs, die von den Römern von ihren Feldzügen mitgebracht wurden, etwa aus Grossbritannien.

Rottweiler und Dobermann

Die beiden deutschen Rassen gelten volkssprachlich meist als Kampfhunde. Mit der historischen Entwicklung dieser Rassen hat das indessen wenig zu tun. Der Rottweiler – ursprünglich ein Treibhund – geht auf die Stadt Rottweil in Baden-Württemberg zurück. Diese war ein wichtiges Zentrum des Viehhandels. Sein kräftiger Körperbau ist darauf zurückzuführen, dass er nebenbei die Aufgabe hatte, die Viehhändler zu beschützen. Diese trugen oft grosse Geldbeträge auf sich, nachdem sie an einem Viehmarkt zugegen waren und gute Geschäfte abwickelten. Den Ursprung der Rasse bildeten möglicherweise Molosser, wie sie sich in Deutschland zur Römerzeit fanden. Man züchtete sodann Bullenbeisser und generell kräftige Hunde ein, die einen guten Schutztrieb aufwiesen, oft stämmige Hirtenhunde. Die Funktion als Treibhund geriet dagegen in den Hintergrund, musste das Vieh doch mit dem Aufkommen moderner Transportmittel immer weniger zum

Schlachthof getrieben werden. Man karrte es je länger je mehr einfach zur Schlachtbank. Der Rottweiler wurde arbeitslos und starb fast aus. Erst zu Beginn des 20. Jahrhunderts entdeckten Liebhaber die Rasse wieder und förderten sie als Gebrauchshund.

Der Dobermann hat seinen Namen von seinem "Erfinder" geerbt, dem Züchter Louis Ferdinand Dobermann. Dieser war Steuereintreiber von Beruf. Da kann es nicht wundern, dass er sich einen tatkräftigen Hund zum eigenen Schutz wünschte. Ungefähr 1870 begann er mit der Zucht eines solches Hundes, wobei er verschiedene Rassen einzüchtete, die heute nicht mehr eindeutig identifizierbar sind. Wahrscheinlich beteiligt waren der Deutsche Schäfer, Deutsche Pinscher und Rottweiler. Der Dobermann gilt bis heute als wachsam, mit einem guten Schutztrieb ausgestattet und ist daher nach wie vor oft bei der Polizei im Einsatz.

Mastin Espanol

Mitunter gilt der Mastin Espanol (selbstredend eine spanische Rasse) als Kampfhund, was allerdings irreführend ist. Die Rasse entstand aus den Hunden von Wanderhirten. Diese bezahlten für die Nutzung der Flächen manchmal, indem sie den Grundbesitzern einige ihrer Hunde übergaben. So wurde aus dem Hund der Hirten langsam ein Hund der Reichen. Diese aber wünschten sich eher imponierende Tiere, die auch Wachaufgaben wahrnehmen konnten. So entstand ein imposanter Hund von beachtlicher Grösse. Im Spanischen Bürgerkrieg wurde die Rasse fast ausgerottet. Nach dem zweiten Weltkrieg etablierte sich die Zucht langsam wieder.

Dogo Canario

Eine interessante Vergangenheit hat eine andere spanische Rasse, die immer wieder ins Kampfhunde-Raster fällt. Es ist der Dogo Canario. Wie der Name sagt, stammt er von den kanarischen Inseln ab. Die Rasse geht auf Hunde zurück, die von spanischen Siedlern auf die Inseln mitgebracht wurden und sich mit heimischen Tieren mischten. Ausserdem waren die Kanaren eine wichtige Zwischenstation für Schifffahrten über den Atlantik (Kolumbus machte hier Halt). So konnten sich Hunde von Seefahrern absetzen, die auf den Inseln anlegten. Da es sich dabei häufig um kriegerische Expeditionen handelte, ist es nicht weiter erstaunlich, dass auch die mitgeführten Hunde nicht unbedingt ein zahmes Gemüt aufwiesen. Es waren oft Kriegshunde, die bei der Eroberung Südamerikas eingesetzt wurden. Die Engländer sollen später auf den Inseln Mastiffs, Bulldogs und Bull-Terrier-Mischungen abgesetzt haben, die sich mit den anderen Hunden vermischten, wobei sich eine kräftige Molosser-Rasse herausbildete. Die Zucht war mitunter tatsächlich auf Hundekämpfe ausgerichtet. Noch bis ins 20. Jahrhundert hinein sollen solche Kämpfe auf den Inseln stattgefunden haben.

Dogo Argentino

Auch der Dogo Argentino (wie der Name sagt eine argentinische Rasse) fällt immer wieder unter den Begriff "Kampfhund". Eigentlich ist er ein Jagdhund, spezialisiert auf Wildschweine und Raubkatzen. Die Rasse geht wahrscheinlich auf kampfkräftige Doggen zurück, die die Spanier gegen Ende des 15. Jahrhunderts nach Südamerika brachten. Gut möglich ist, dass auch Deutsche Doggen, Bull Terrier, Pointer und natürlich indigene Hunde eingekreuzt wurden, wobei eine systematische Zucht erst im 20. Jahrhundert entstand.

Fila Brasileiro

Der ebenfalls oft als Kampfhund bezeichnete Fila Brasileiro (eine brasilianische Rasse) sticht schon äusserlich ins Auge. Die Rasse geht auf doggenartige Hunde der Spanier und Portugiesen zurück, die bereits im 15. Jahrhundert nach Südamerika eingeführt wurden und durchaus über hohe Kampfkraft verfügten. Später vermischten sie sich weiter mit Hunden vom Typ Bulldogg und Mastiff, wie sie von den Engländern und Holländern mitgebracht wurden. Später wurden auch Bloodhounds eingezüchtet, was im heutigen Erscheinungsbild kaum zu übersehen ist und ihnen eine grosse Nasenleistung verlieh. Alles in allem ergab sich aus diesen verschiedenen Komponenten ein kräftiger Hund mit verschiedenen Verwendungszwecken: Hüten, Jagen, Schutz der Herden vor Raubtieren.

Tosa Inu

Auch diese japanische Rasse verschlägt es immer wieder ins Wahrnehmungsraster eines Kampfhundes. Der Tosa Inu wurde tatsächlich bei Hundekämpfen eingesetzt. Allerdings sollen sich Hundekämpfe in Japan von europäischen unterschieden haben. Der Gegner musste nicht getötet, sondern nur dominiert und zu Boden gedrückt werden. Der Tosa Inu entstand auf der südlichen Hauptinsel des japanischen Archipels, Shikoku. Ausgangspunkt waren wohl heimische, spitzartige Jagdhunde. Später, als sich Japan Mitte des 19. Jahrhundert dem internationalen Handeln öffnete, wurden neue Hunde importiert, etwa Mastiffs, Bulldogs und Doggen, die man mit den heimischen Rassen mischte, woraus der heutige Tosa Inu entstand.

3

Gibt es gefährliche Hunderassen?

Die Gefährlichkeit eines Hundes hänge von seiner Rasse ab. Dies ist eines der häufigsten Missständnisse in der aktuellen Kampfhunde-Polemik. Dem Pitbull oder einer anderen Rasse pauschal eine erhöhte Gefährlichkeit zuzuschreiben ist aber wissenschaftlich nicht haltbar.

Sechs mildernde Umstände beim Pitbull

Wie wir gesehen haben, ging der Pitbull aus der Kreuzung von Bulldogs und Terriern hervor. Ziel war es, einen agilen Hund für Tierkämpfe zu züchten. Man könnte nun meinen, wenn ein Hund schon zum Kampf gezüchtet wurde, so müsse er doch besonders aggressiv und gefährlich sein. Wieso sollte ein Kampfhund nicht kampfeslustig sein, so wie ein Hütehund hütefreudig ist? Doch die Sicht ist aus verschiedenen Gründen irreführend und muss differenziert werden. Schauen wir uns die genauen Umstände der Reihe nach an.

Umstand eins: Gefahr und Verwendungszweck

Mit der simplen Formel "Pitbull = Kampfhund = gefährlich" müsste man noch viele andere Hunde als besonders gefährlich bezeichnen. Alle Jagdhunde, die zum Aufstöbern, Hetzen, Verfolgen, Töten von Wild gezüchtet wurden. Oder Kerle wie den Dackel oder gewisse Terrier, die beide zum Kampf gegen Nager und kleines Wild gezüchtet wurden. Und dann erst die Wach- und Hofhunde. Fremde galt es am Betreten des Grundstücks zu hindern, natürlich nicht mit sanften Mitteln. Viele Schäferhunde mussten nicht nur hüten, sondern im Ernstfall die Herde mit den schieren Zähnen verteidigen. Wir sehen also: Viele Rassen haben oder vielmehr hatten im weitesten Sinne einen Verwendungsweck, der leicht in Zusammenhang mit einem erhöhten Gefährdungspotential gebracht werden könnte: kämpfen, verteidigen, jagen, hetzen usw.

Umstand zwei: Mehr als ein Kampfhund

Pitbulls wurden nicht nur zum Kämpfen gezüchtet. Sie füllten ein breites Spektrum von Verwendungszwecken aus – vom Wächter bis zum Begleiter, vom Viehtreiber bis zum Kampfschmuser. Wir erinnern uns, dass die Pitbulls sogar als "Nanny Dog" bezeichnet wurden, weil sie so anhänglich waren. Pitbulls sind also nicht reine Kampfhunde. Der Aspekt des Hundekampfes tritt in der Zuchtgeschichte nur partiell in Erscheinung. Daneben hatte der Hund noch viele andere Aufgaben und Funktionen.

Umstand drei: Aggression gegen Menschen streng verboten

Pitbulls wurden in der Zucht so selektiert, dass sie nur Kampfbereitschaft gegenüber anderen Hunden zeigen durften. Gegen Menschen aggressive Exemplare wurden aus der Zucht genommen, weil man sie im Hundekampf nicht hätte einsetzen können. So ist nicht erstaunlich, dass Pitbulls als ausgesprochen anhänglich und menschenfreundlich gelten. Ganz im Gegensatz dazu wurden viele Wach- und Hofhunde explizit damit beauftragt, die eigenen Leute zu verteidigen und Fremde im Notfall zu attackieren.

Man muss nicht mal in der Vergangenheit sprechen. Erik Zimen weist in seinem Buch "Der Hund" daraufhin, dass eine Eigenschaft wie Wachsamkeit auch heute noch sehr gefragt ist: "Nach einer Umfrage des "Spiegel" schätzen heute noch 46% aller Hundebesitzer in Deutschland nach den Eigenschaften Treue, Gehorsam, Kinderliebe und Gutmütigkeit die Wachsamkeit als bevorzugte Eigenschaft des Hundes. Für 11% müsse der "Idealhund" zudem scharf sein. Kampfstärke ist allenthalben gefragt, wenn man die Deck- oder Verkaufsanzeigen in der Schäferhundezeitung oder in anderen Organen der Zuchtverbände einschlägiger Gebrauchs- und Polizeihunderassen liest. Solche Hunde bringen ihren Besitzern nach wie vor das nötige Prestige, ihren Züchtern den gefragten Welpenabsatz, den Vereinen den gewünschten Zulauf." (S. 383)

Man sieht klar: Gerade bei Rassen, die bevorzugt für Aufgaben im Schutz und in der Bewachung eingesetzt werden, darf's gerne ein bisschen "scharf" sein. Niemand macht gross ein Aufsehen daraus, obwohl sich bei diesen Hunden die Schärfe angesichts der Bewachungs- und Schutzaufgaben leicht auf Menschen richten lässt. Beim Pitbull dagegen, dem von alters her jegliche Aggression gegen Menschen verboten blieb, herrscht die helle Empörung. In einem äusserst klugen Artikel der "Sonntagszeitung" vom Juni 2006 steht: "Von den 500'000 Hunden hier zu Lande sind Schäfer und Rottweiler überdurchschnittlich bissig. Bei Unfällen mit fremden Kläffern fallen auch die Sennenhunde negativ auf. Alle drei Rassentypen werden als Bewacher gezüchtet und ausser dem Rottweiler tauchen sie nie auf einer Rassenliste auf." Natürlich soll keine Polemik gegen die genannten Rassen betrieben werden. Was das Beispiel zeigt, ist aber folgendes: Es gibt Rassen, bei denen eine gewisse – sagen wir mal so – Funktion als Bewacher und Schützer akzeptabel scheint, die sich im Ernstfall gegen angreifende Menschen richten muss. Wenn solche Rassen vor diesem Hintergrund nicht als besonders problematisch gelten, wieso dann der Pitbull, bei dem man überhaupt nie eine Aggressionen gegen Menschen zugelassen hat?

Umstand vier: Kein Kampfhund mehr seit Generationen

Viele Eigenschaften hat ein Hund nicht "von Natur aus". Vielmehr sind sie vom Menschen in der Zucht definiert worden. Was eine

Rasse tut und lässt, ist daher zu einem wesentlichen Teil nur ein Spiegel des menschlichen Wollens. Es ist einzig die Zuchtselektion, wie sie der Mensch vornimmt, die gewisse Eigenschaften des Hundes bestimmt. Selbst wenn also Pitbulls einst als Kampfhunde gezüchtet worden sind, so heisst das nicht, dass sie immer Kampfhunde bleiben müssen. Man kann die Selektion so steuern, dass das "Kämpferische" wieder eliminiert wird – ganz nach dem Grundsatz: Was man reinzüchtet, kann man auch wieder rauszüchten. Da Pitbulls in seriösen Zuchten seit weit über hundert Jahren und damit über viele Generationen hinweg nicht mehr auf Hundekämpfe hin gezüchtet werden, so weisen sie auch diese besondere Kampftauglichkeit oder Gameness nicht mehr auf – was immer auch damit gemeint ist. Die berühmte Ethologin Dorit Feddersen-Petersen schreibt in einem Gutachten über den Staffordshire Bull Terrier: "Bei biologisch ausgerichteter Zucht und ebensolcher Aufzucht, Ausbildung und Haltung sind Rassen mit einer relativ jungen Kampfhundevergangenheit keineswegs gefährlicher als andere Hunde, viele Individuen bestechen vielmehr bekannterweise sehr oft durch ihr ausgeglichenes und berechenbares Verhalten." (S. 4)

In der Tat ist es so, dass Eigenschaften, die nicht mehr speziell züchterisch gefördert werden, rasch verschwinden können. Irene Sommerfeld-Stur schreibt dazu in einem Aufsatz ("Zur Frage der Gefährlichkeit von Hunden auf Grund der Zugehörigkeit zu bestimmten Rassen") folgendes: "Gene, die z.B. bei Mastiffs im 19. Jahrhundert selektionsbedingt besondere Kampfbereitschaft bedingt haben, können in wenigen Generationen verloren gehen, wenn Kampfbereitschaft keinem Selektionsdruck mehr unterliegt." (S. 3) Wird ein Hund nicht mehr sorgfältig auf eine bestimmte Aufgabe hin gezüchtet, so entfernt sich sein Verhalten immer weiter davon. Generell und vereinfachend kann man sagen: Züchterisch nicht mehr forcierte Eigenschaften pendeln sich wieder in einem "Normalbereich" ein.

Sommerfeld-Stur zeigt im oben genannten Aufsatz eine solche Entwicklung am Dackel: "Ein Beispiel für die Wirkung der genetischen Drift möge der Dackel bieten. Ursprünglich als reiner Jagd-hund für die Arbeit unter der Erde eingesetzt, die hohe Kampfbe-reitschaft wahrscheinlich auf der Basis hoher Schmerztoleranz, wie sie ZIMEN (1992) für den Jagdterrier beschreibt, voraussetzt, liegt seine Hauptverwendung heute im Einsatz als Begleit- und Famili-enhund. Die ursprünglich wichtige Kampfbereitschaft unterliegt somit keinem Selektionsdruck, die determinierenden Gene driften zufällig. Wenn es auch sicher heute noch Dackel gibt, die die ur-sprünglich geforderte Härte und Kampfbereitschaft immer noch aufbringen, so sind doch die meisten Dackel heute verträgliche und friedliche Hunde." (S. 3-4) Dasselbe gilt natürlich für andere Ras-sen. Wie die Autorin schreibt: "Die Population einer Rasse von heute unterscheidet sich also hinsichtlich der Ausprägung einer Vielzahl von Merkmalen notwendigerweise beträchtlich von der vergangener Generationen." (S. 7) Kampfhunde sind heute ganz einfach deshalb keine Kampfhunde mehr, weil sie seit rund einein-halb Jahrhunderten nicht mehr auf Kampftauglichkeit gezüchtet werden.

Dennoch muss man hier auf eine Beobachtung eingehen, die ge-wiss schon jeder Hundefreund gemacht hat. Ist es nicht so, dass nordische Hunde noch immer gerne laufen und ziehen, obwohl das in vielen Zuchtlinien nicht mehr besonders gefördert wird? Und ist es nicht so, dass Windhunde wie wild rennen, auch wenn sie aus Zuchten stammen, die nur aufs Exterieur Wert legen? Oder wer kennt nicht den Terrier, der immer wieder ausreisst und seine Selb-ständigkeit einfordert, obwohl er seit Generationen jagdlich nicht mehr gefördert wird?

Kurzum: Ist es nicht so, dass gewisse Verhaltensneigungen, die einst im Hinblick auf den Verwendungszweck züchterisch geför-dert wurden, noch lange bestehen bleiben, selbst dann, wenn eine Rasse schon lange nicht mehr auf diesen Verwendungszweck hin gezüchtet wird? Damit wäre die Frage auf dem Tisch: Könnte es nicht sein, dass bei den rezenten Kampfhunderassen nach wie vor Überbleibsel einer Kampfneigung vorhanden sind, obwohl sie nicht mehr auf den Verwendungszweck des Kämpfens gezüchtet werden? Andrea Steinfeldt geht in ihrer Dissertation dieser Frage nach, indem sie aus verschiedenen Studien zitiert. Ihr Fazit ist klar. Es ist nicht haltbar, "ganze Rassen als genetisch fixiert hyperaggressiv zu klassifizieren." (S. 132) Einfacher gesagt: Bei den Kampfhunde-Rassen ist eine erhöhte Kampfbereitschaft wissenschaftlich nicht nachweisbar, wenngleich es einzelne Exemplare oder Zuchtlinien gibt, die Verhaltensstörungen aufweisen. Doch solche oder ähnliche Fehlentwicklungen können potentiell bei allen Rassen vorkommen.

Umstand fünf: Umfeld und Erbanlagen

Selbst wenn es so wäre, dass eine bestimmte Rasse aufgrund der genetischen Disposition eine grössere Neigung für ein im weitesten Sinne aggressives Verhalten hätte – selbst dann wäre es unzulässig, solche Rassen pauschal als gefährlicher einzustufen. Aus einem ganz einfachen Grund: Weil das Verhalten eines Individuums nur zu einem Teil genetisch determiniert ist, einen weit grösseren Einfluss hat das soziale Umfeld. Dorit Feddersen-Petersen sagt es im schon genannten Gutachten so: "Es sei betont, dass natürlich nicht alle Hunderassen gleich sind in ihrer Verhaltenssteuerung, auch werden sie nicht als Tabula Rasa geboren, ihr Verhaltensinventar wie z.B. bestimmte Reaktionsnormen können sehr unterschiedlich und durchaus rassekennzeichnend sein, sind also durchaus genetisch determiniert, entwickeln sich jedoch in ständiger, feindifferenzierter Wechselwirkung mit allen Reizen des hundlichen Umfeldes. Und so kommt es zu höchst unterschiedlichen Verhaltensprägungen bei Tieren einer Rasse. Dieses gilt gerade für das Aggressionsverhalten." (S. 3)

Umstand sechs: Verhältnis Population / Anzahl Beissvorfälle

Eine Frage steht noch offen. Welche Rasse beisst im Verhältnis zu ihrer Repräsentation in der Population am meisten? Wäre der Pitbull und die anderen Kampfhunde wirklich gefährlicher als andere

Rassen, so müssten sie im Verhältnis zu ihrer Häufigkeit überdurchschnittlich viele Beissunfälle verursachen. Ist das so? Die
bekannte Studie von Ursula Horisberger (S. 53) hat zu dieser Frage
interessantes Zahlenmaterial aufgearbeitet. Der Pitbull hat mit einem Anteil von 0,2% an der untersuchten Population tatsächlich
überproportional oft zugebissen. An der Population der beissenden
Hunde ist er nämlich mit 1,3% vertreten.

Die Formel "Pitbull = gefährlich" scheint aufzugehen. Doch das ist
zu kurz gegriffen. Denn die Zahlen von Horisberger zeigen auch:
Der gemeinhin als lieb geltende Bernhardiner ist um keinen Deut
besser. Repräsentation in der untersuchten Population: 0,4%. Repräsentation in der Population beissender Hunde: 2,0%. Oder der
Tibet Terrier: Repräsentation in der untersuchten Population: 0,5%.
Repräsentation unter den beissenden Hunden: 1,7%. Ganz zu
schweigen von den Schäfern. Imposant ist die Statistik des Service
vétérinaire des Kantons Neuenburg (2006). Die Deutschen und
Belgischen Schäfer machten im Kanton 7,2% der Hundepopulation
aus, waren aber unter den beissenden Hunden mit 18,2% konster-
nierend-markant übervertreten. Trotzdem fallen die beiden Rassen
kaum ins Wahrnehmungsraster besonders gefährlicher Hunde. Eine
grosse Studie der University of Pennsylvania zeigt wiederum, dass
die aggressivsten Hunde keineswegs Schäfer, auch nicht Pitbulls
sind – sondern der Dackel.

Gegen den Pitbull interpretieren kann man indessen die so genannte Beissstatistik des Bundesamtes für Veterinärwesen (BVET)
für das Jahr 2007. Gemäss diesen Zahlen kommen im Durchschnitt
aller Rassen auf jeweils 100 Hunde 0,58 registrierte Beissvorfälle
gegen Menschen. Das ergibt eine Beissquote von 0,58%. Eigentlich ist das ein überwältigender Freispruch, bedeutet es doch, dass
99,42% aller Hunde in keinen registrierten Beissvorfall involviert
waren. So weit so gut. Sieht man sich jedoch nur den Pitbull an, so
kommt man ins Stocken. In der Statistik des BVET wurde differenziert nach "American Pit Bull Terrier", "American Staffordshire
Terrier" und "Pit Bull Terrier". Nimmt man diese drei Kategorien

zusammen, was naheliegend ist, und kumuliert die von ihnen verursachten Beissattacken gegen Menschen, so ergibt das eine Beissquote von 1,6%. Das klingt massiv. Es ist jedenfalls höher als die Beissquote (gegen Menschen) aller Hunderassen von 0,58%.

Pitbull gleich Beisshund scheint zumindest hier aufzugehen. Aber es ist halt so eine Krux mit den Statistiken. Viel mehr als eine Zahlenschieberei im Range einer sich selbst bewahrheitenden Prophezeiung für Pitbull-Hasser ist der Befund nämlich nicht. Die Sache relativiert sich bei genauerem Hinschauen schnell. Nimmt man die absoluten Zahlen, so sieht man, dass die errechnete Quote sage und schreibe auf der Winzigkeit von 52 Vorfällen beruht, die registriert wurden. Man kann also sagen: Im Schnitt hatte jede Woche ein Pitbull oder Verwandter irgendwo in der Schweiz ein wenig herumgebissen. Das ist jetzt nicht despektierlich zu verstehen. Aber die Daten geben einfach nicht mehr her. Denn über den Schweregrad dieser ohnehin wenigen Verletzungen sagt die Statistik noch nicht einmal etwas aus. Viel Gravierendes dürfte kaum darunter gewesen sein. Das wäre im aktuellen Klima bestimmt sofort publik geworden. 52 Beissunfälle also. Kein Grund, deshalb die öffentliche Sicherheit in Gefahr zu sehen. Ferner bedenken muss man, dass die Angaben zu den Rassen unzuverlässig sind, wie sogar das BVET selbst zugibt. In einer Mitteilung heisst es dazu: "Diese Angaben sind mit einiger Unsicherheit behaftet. Die Angabe stammt jeweils vom Opfer selbst. (...) Fehler in diesen Angaben sind deshalb unvermeidlich." Man kann sich gut vorstellen, dass ein Beissopfer angesichts der Kampfhunde-Manie im angreifenden Hund rasch einmal einen Pitbull zu erkennen glaubt, auch wenn er in Wahrheit einer ganz anderen Rasse angehört.

Die Statistik des BVET weist also gravierende methodische Mängel auf und kann deshalb in eine seriöse Betrachtung kaum einbezogen werden. Einer Studie des deutschen Rechtanwaltes Ulrich Wollenteit entnimmt man denn auch: "Es gibt keine (belastbaren) Zahlenwerke, die geeignet wären, eine überproportionale Beisshäufigkeit der "Kampfhunderassen" zu belegen" (...) Es liegt auch kein Material vor, welches nachvollziehbar belegt, dass sog. "Kampfhunde" häufiger gegenüber Menschen aggressiv werden oder schwerere Verletzungen zufügen."

Trotzdem sollte man sich einen genaueren Blick in die Zahlen des BVET nicht verkneifen. Diese haben nämlich etwas (wohl unfreiwillig) Ironisches an sich. Auch wenn sie immer wieder herangezogen werden, um die These der besonderen Gefährlichkeit gewisser Hunderassen zu untermauern, so beweisen sie in Wirklichkeit eher das Gegenteil... zumindest wenn man die Wirklichkeit sehen will. Seien wir also realistisch.

Selbst wenn die Pitbull-artigen Hunde mit einer Quote von 1,6% eine schlechtere Beissbilanz aufweisen würden als der Schnitt aller Hunde mit ihren 0,58%, so wäre das immer noch ein hervorragendes Zeugnis. Man stelle sich vor: 1,6% beissende Pitbulls bedeutet doch nichts anders, als dass 98,4% aller Pitbulls nicht beissen. Kurz einfach mal die Augen schliessen. 98,4% aller Pitbulls und Verwandte – also praktisch alle – könnte man aufgrund dieser Zahlen als sauber bezeichnen.

Wie minimal klein die Gefährdung durch den Pitbull ist, zeigt sich eindrücklich an den Relationen zur Gesamtzahl der Beissverletzungen: Gemäss Statistik des BVET verursachen "American Pit Bull Terrier", "American Staffordshire Terrier" und "Pit Bull Terrier" zusammen genommen nur 1,9% aller Beissattacken gegen Menschen. Wer ein Pitbull-Verbot fordert, ignoriert demnach 98,1% aller Beissunfälle und verrät dabei, dass es ihm wenig um zweckdienliche Lösungen dafür umso mehr um billige Polemik geht.

Eigentlich sind das alles valable Entlastungsmomente für den Pitbull (wenngleich man zugeben muss, dass es eine Dunkelziffer geben mag, denn nicht alle Beissvorfälle können statistisch erfasst werden, was aber für alle Rassen gleichermassen gilt). Faktum bleibt: Selbst wenn der Pitbull mit mathematischer Akrobatik ein bisschen schlechter (oder sagen wir: ein bisschen weniger gut) dargestellt werden kann, als die übrigen Hunde, so bewegt sich dies alles auf einem äusserst tiefen Gefährdungsniveau. In Wirklichkeit beweisen die Zahlen des BVET eigentlich nur eines: Eine öffentlich relevante Gefährdung der Sicherheit durch Hunde – seien es Pitbulls, seien es andere – gibt es schlichtweg nicht. Die Wahrnehmungsmuster der aktuellen Hunde- und Pitbull-Hysterie stehen in groteskem Kontrast zu diesen Fakten.

Besonders interessant sind die Angaben zum Staffordshire Bull Terrier. Dieser weist nämlich eine Beissquote gegen Menschen von 0,37% auf. Damit liegt die Rasse unter dem globalen Schnitt aller Hunde von 0,58%. Sie ist also in unterdurchschnittlich wenige Attacken gegen Menschen involviert. Doch der Staffordshire Bull Terrier ist historisch gesehen genau so als Kampfhunderasse entstanden wie der Pitbull, ja er ist dessen unmittelbarer Vorgänger. Rasch wird klar: Aus der Kampfhunde-Vergangenheit einer Rasse kann man keine erhöhte Gefährlichkeit ableiten. Sonst wäre es nicht möglich, dass der Staffordshire Bull Terrier eine unterdurchschnittliche Beissquote gegen Menschen aufweist. Wenn der Pitbull tatsächlich nachweisbar in überdurchschnittlich viele Beissunfälle involviert wäre, so kann das nichts mit seinem ursprünglichen Verwendungszweck als Kampfhund in fernen Tagen der Geschichte zu tun haben. Vielmehr wäre es ein Hinweis darauf, dass er in der Gegenwart ein Problem hat mit der sozialen Umwelt, in der er gehalten und gezüchtet wird. Mit dieser Frage beschäftigen wir uns im folgenden Kapitel.

Soziales Umfeld

Die "Sonntagszeitung" schreibt im bereits weiter oben erwähnten Artikel vom Juni 2006: "Taucht ein Bullterrier auf, schlucken wir leer. Vielleicht will der Köter ja nicht bloss spielen. Denn "Kampfhunde" geniessen nicht den besten Ruf. Sie gelten als nervös und beisswütig. Darum existieren etwa in den Kantonen Genf, Wallis und Basel so genannte Rassenlisten, die den Besitz von "potentiell gefährlichen Hunden" streng regeln. Doch die üble Reputation und die Rassenlisten haben keine wissenschaftliche Basis. (...) So zeigen neuere Studien, dass die Aggressivität eines Hundes nicht von seiner Rasse abhängt, sondern von der Art und Weise, wie er gezüchtet und gehalten wird."

Verhalten ist nur zu einem kleinen Teil genetisch bedingt

Die "Sonntagszeitung" beschreibt dann eine bekannte Studie, die von der Tierärztlichen Hochschule Hannover erstellt wurde und an der über 415 so genannte Kampfhunde teilnahmen. Im Artikel wird der Befund so resümiert: "So konnten die Veterinärmediziner zeigen, dass sich die Staffordshire Terrier, Bullterrier, Pitbullterrier, Dobermanns und Rottweiler zu 95 Prozent tadellos verhielten. Damit schnitten sie genau gleich gut ab wie die Kontrollgruppen mit den Familienhunden Golden Retriever." Das Sahnehäubchen auf die Studie setzte der Bullterrier – eine Rasse, die immer wieder als Kampfhund par excellence verunglimpft wird. Die "Sonntagszeitung" zitiert den Studienleiter Hansjoachim Hackbarth so: "Die waren so friedlich, dass wir sie jetzt nochmals untersuchen." In der "Sonntagszeitung" liest man weiter: "Dass Kampfhunde ihre streitbare Natur weit gehend verloren haben, liegt laut Hackbarth auch daran, dass nur ein geringer Teil des Verhaltens genetisch bedingt ist. Gerade mal für 8 bis 12 Prozent sei das Erbgut verantwortlich, schätzt Hackbarth." Und: "Der Rest sind Umwelteinflüsse", wird Hackbarth noch zitiert:

Die Vorstellung, dass die Gefährlichkeit eines Hundes etwas mit der Rasse zu tun habe, ist also nicht haltbar. Global kann man zwei Hauptgründe dafür herausarbeiten:

1. Umwelteinflüsse beeinflussen das Verhalten mehr als erbliche Faktoren.

2. Die Zuchtselektion kann gewisse Verhaltensweisen fördern oder unterdrücken. Doch auch dies hat nichts mit der Rasse zu tun, sondern mit der Selektion. Innerhalb jeder Rasse kann man Zuchttiere so selektieren, dass ihre Nachfahren eine Verhaltensweise vermehrt erben. Sagen wir es ganz profan an einem knackigen Beispiel: Man kann Pitbulls auf Schmusekater züchten, wenn man immer die liebsten Pitbulls miteinander paart. Und man kann Golden Retriever zu Kampfhunden züchten, wenn man immer die aggressivsten Golden Retriever miteinander verpaar.

Fazit: Die Umwelt macht einen Hund böse. Schlechte Haltung, wenig Auslauf, wenig soziale Kontakte, falsche Zuchtselektion usw.

Das Problem ungeeigneter Halter

Zur Umwelt eines Hundes gehört selbst redend der Halter. Das Problem, dass gewisse Rassen in die Hände einer Schicht von ungeeigneten Besitzern geraten, ist zweifelsohne eine der Hauptursachen für die aktuelle Kampfhunde-Debatte. Tatsächlich ist nicht von der Hand zu weisen, dass Pitbulls offensichtlich eine besondere Faszination ausüben auf Leute aus einer sozialen Schicht, der man vielleicht besser keine Hunde anvertrauen würde. Natürlich hat sich der Pitbull schon historisch im sozialen Milieu der Unterschicht entwickelt, wo Kriminalität und Gewalt verbreitete Phänomene darstellten. Daher rührt wohl, dass Leute, die in einer gewissen Marginalität zur Gesellschaft leben, bis heute eine besondere Affinität zur Rasse entwickeln.

Eine gewisse Beziehung zwischen Delinquenz und dem Besitz bestimmter Rassen legt eine Studie aus den USA mit dem komplizierten Titel nahe: "Ownership of High-Risk ("Vicious") Dogs as a Marker for Deviant Behaviours". Zu Deutsch etwa: Der Besitz von Hochrisikohunden (gefährlichen Hunden) als Merkmal für randständige Verhaltensformen. Kurz gesagt wird nachgewiesen, dass ein Zusammenhang zwischen Delinquenz und bestimmten Hunderassen besteht. Die Studie verglich Besitzer von "high-risk dogs" (wörtlich: Hochrisiko-Hunden, z.B. Rassen wie Pitbull, Rottweiler usw.) mit Besitzern von "low-risk dogs" (wörtlich: Tiefrisikohunden, die restlichen Rassen). Die Resultate waren beeindruckend. Nur ein paar Zahlen. Verglichen mit "low-risk dogs" waren die Besitzer von "high-risk dogs" 6,8 Mal häufiger belangt wegen Gewalt, 8 Mal häufiger wegen Drogen, 2,4 Mal häufiger wegen häuslicher Gewalt und 2,8 Mal häufiger wegen Delikten an Kindern. Der allgemeine Befund der Studie scheint klar: Besitzer von Pitbulls und ein paar anderen, einschlägigen Rassen kommen öfters mit dem Gesetz in Konflikt als die Besitzer anderer Hunde.

Damit scheint das populäre Vorurteil untermauert, wonach bestimmte Rassen wie der Pitbull eine gewisse Nähe zu einem problematischen, oft kriminell aktiven Umfeld haben. Allerdings muss man vorsichtig sein, um die Zahlen richtig zu interpretieren. Denn die Studie sagt nichts über die Gefährlichkeit bestimmter Rassen. Sie sagt nur, dass das Vorhandensein einer bestimmter Rasse ein Marker, ein Hinweis auf kriminelle Handlungen sein kann, nicht aber dass der Hund an sich gefährlich sei. Und sie sagt schon gar nichts aus über einzelne, konkrete Halter. Es sind nur statistische Wahrscheinlichkeiten. Die Hunderasse ist nur ein Indiz unter vielen, das auf ein problematisches Verhalten des Besitzers hinweisen könnte. Möglicherweise liesse sich so auch nachweisen, dass es beispielsweise unter Piercing-Trägern im Schnitt mehr Kriminelle gibt als in der Gesamtbevölkerung – und dennoch würde niemand das Piercing an sich für problematisch halten.

Möglich ist aber sehr wohl, dass die in einem problematischen Umfeld lebenden Hunde eher Opfer von Tierquälerei oder falscher Haltung werden, was deren Verhalten wiederum aggressiver und damit gefährlicher machen könnte. In der Studie heisst es allgemein so: "Wenn ein high-risk Hund in den Besitz eines high-risk Bürgers kommt, einen der schon zahlreiche Verurteilungen oder Gerichtstermine hatte, dann gerät der Hund in den Teufelskreis der

Delinquenz. Der high-risk Hund wird zu einem delinquenten Eigentum ähnlich wie eine Pistole oder ein gestohlenes Auto. Wenn ein delinquenter Bürger identifiziert werden kann aufgrund von delinquenten Besitztümern, so kann der high-risk Status des Hundes als sinnvoller Hinweis auf bestehende Verurteilungen wegen Kriminalität und aggressivem Verhalten des Besitzers sein."

Schauen wir uns noch ein anderes, interessantes Papier an, das spezifischer die Situation in Europa im Visier hat. Das Papier bezieht sich auf eine Pressekonferenz, die u.a. von der französischen Vereinigung "Zoopsy" und der STVV (Schweizerische Tierärztliche Vereinigung für Verhaltensmedizin) organisiert wurde. Das Papier ist auf den 18. Januar 2006 datiert und nimmt "zu den rassenspezifischen Massnahmen" Stellung, die in der damals aufgebrachten Stimmung kurz nach der tödlichen Pitbull-Attacke von Oberglatt (Dezember 2005) en vogue waren. Unter dem Zwischentitel "Überlegungen aus wissenschaftlicher Sicht" steht zu lesen: "Das Gefahrenpotential von Hunden kann nicht in einer Rasseliste definiert werden, da sehr verschiedene Faktoren (Zuchtselektion, Aufzucht, Haltung, Ausbildung, Eigenschaften des Halters, vorgefallene Gefährdungen, potentielle Unfallsituation) das Gefahrenpotential einer Hund-Halter-Umweltkonstellation bestimmen." Die Schlussfolgerung der Experten liest sich so: "Aus wissenschaftlicher Sicht lassen sich rassespezifische Restriktionen nicht rechtfertigen."

Dann gehen die Autoren unter dem Titel "Soziodemographische Faktoren" auf die Thematik von ungeeigneten Haltern ein. Zu lesen ist folgendes: "In der heutigen gesellschaftlichen Situation werden in städtischen Regionen gewisse Rassetypen gehäuft von bestimmten Kreisen der Gesellschaft als Statussymbol und zur Machtdemonstration gehalten. In dieser Situation besteht eine erhöhte Wahrscheinlichkeit, dass sich Zuchtselektion nach Aggressionskriterien, (absichtlich) fehlende Sozialisierung, gezielte Förderung der Kampfeigenschaften, ungeeignete Haltung, fehlender Sachverstand, fehlendes Verantwortungsbewusstsein, Verwendung des Hundes zum Zweck der Machtdemonstration und Einschüchterung (Würde des Tieres?) kumulieren."

Um diese primäre Gruppe von ungeeigneten Haltern scheinen sich weitere, sekundäre Gruppen zu formieren. Im Papier der Presskonferenz heisst es dazu: "Neben dieser einen Gruppe von Haltern von Hunden der inkriminierten Rassetypen gibt es eine Gruppe von "naiven" Haltern, die einer Modeströmung im Schlepptau des Image der Rassetypen folgen, sowie die Liebhaber, die diese Hunde schon immer gehalten haben und bezüglich Gefährdung der Öffentlichkeit keine andere Rolle spielen als andere Hundehalter, die Hunde aus denselben Motiven halten."

Liebhaber und Randständige

Insgesamt kristallisieren sich vier Milieus heraus, in denen Kampfhunde gehalten werden:

1) Das erste Milieu könnten wir "Hundekämpfer" nennen. In diesem Milieu werden immer noch aktiv und illegal Hundekämpfe abgehalten. Dieses Milieu ist in Westeuropa bestimmt sehr klein, in den USA vielleicht etwas grösser. Es ist äusserst stark marginalisiert und agiert in tiefster Illegalität und Verborgenheit. Es ist an einer Hand abzuzählen, dass von diesen Hunden eine Gefahr ausgehen könnte. Andererseits dürften sie zahlenmässig so gering sein, dass global gesehen wohl von keiner umfassenden Gefahr die Rede sein kann.

2) Das zweite Milieu könnten wir die "Klandestinen" nennen. Diese Leute sind marginalisiert und driften zum Teil in die Illegalität ab, zum Beispiel im Zusammenhang mit Prostitution oder Drogenhandel. In diesem Milieu werden Kampfhunde als Statussymbol gehalten, allenfalls erfüllen sie konkrete Verwendungszwecke wie Bewachung oder eine Art Schutz zugunsten des Halters. In diesem Milieu werden aber keine Hundekämpfe veranstaltet. Die Hunde leben mit ihren Bezugspersonen wahrscheinlich nicht viel anders

als alle anderen Hunde auch. Angehörige dieses Milieus treten mit ihren Hunden durchaus in der Öffentlichkeit auf. Weil die Hunde in der Nähe zu Menschen sind, geht von diesem Milieu womöglich ein grösseres Risiko für die öffentliche Sicherheit aus als vom Milieu der Hundekämpfer, die im Verborgenen agieren. Es ist zu befürchten, dass Belange wie Hundeerziehung, Konsequenz im Umgang, Vorsicht und Achtung vor dem Tier und anderen Menschen sowie die Auswahl einer guten Zuchtstätte vernachlässigt werden, was das Risiko erhöht.

3) Das dritte Milieu könnte man als "Mitläufer" bezeichnen. Dieses Milieu ist nicht so stark marginalisiert und ist auch nicht unbedingt in illegale Tätigkeiten verstrickt. Man lässt sich aber von einem solchen Milieu am Rande der Gesellschaft beeindrucken und versucht es zum Teil nachzuahmen. Man hält sich Kampfhunde sozusagen als Zubehör und Imponiergehabe. Punkto Risiko kann man die gleichen Faktoren ins Feld führen wie bei den "Klandestinen".

4) Das vierte Milieu sind die "Liebhaber". Sie halten sich Kampfhunde, weil sie die Rasse mögen. Sie zeichnen sich durch kynologische Kenntnisse, Sachverstand und ein hohes Verantwortungsbewusstsein aus. Sie sind sich bewusst, dass sie mit ihren Hunden im Rampenlicht stehen und daher stets vorbildlich erscheinen müssen. Daher sind ihre Tiere oft überdurchschnittlich gut erzogen und sozialisiert.

Das Verhältnis zwischen Ächtung und Popularität

Ein interessanter Aspekt muss noch beleuchtet werden. Sobald eine Rasse in der breiten Wahrnehmung als böse gebrandmarkt wird, steigt ihre Attraktivität bei einem zwielichtigen Publikum, das ein Interesse an den inkriminierten Hunden entwickelt, gerade weil sie als böse und aggressiv gelten. So geraten die vermeintlich gefährlichen Rassen vermehrt in die Hände ungeeigneter Halter und richten dort auch wirklich Schaden an. Mit dem Abklingen der öffentlichen Hysterisierung rund um eine Rasse werden die als böse gebrandmarkten Hunde für die zwielichtigen Gestalten wieder weniger attraktiv. Die stigmatisierte Rasse wird wie seit je von Liebhabern nachgefragt, die damit umzugehen wissen.

Karen Delise illustriert in "The Pit Bull Placebo" diese Fluktuationen in den Populationen geächteter Rassen am Beispiel von Dobermann und Rottweiler. Der amerikanische Kennel Club registrierte von 1975 bis 1979, während einer Phase der Hysterisierung um den Dobermann, 372'532 neue Hunde dieser Rasse. Im Zeitraum 1995 bis 1999, nach Abklingen der Hysterisierung, ging die Zahl der Registrierungen wieder auf 82'243 zurück. Und schon stand ein neuer Kandidat bereit, um in die Fusstapfen des Geächteten zu steigen – der Rottweiler. Im Zeitraum 1975 - 1979 wurden nur 9'961 Rottweiler registriert, im Zeitraum 1995 - 1999 waren es 355' 797. (S. 92)

Eine solche Korrelation zwischen Population und dem Grad der öffentlichen Stigmatisierung lässt sich in der gegenwärtigen Kampfhunde-Debatte allerdings kaum nachweisen. Sieht man sich die Welpenstatistiken des Verbandes für das Deutsche Hundewesen (VDH) an, kann man jedenfalls keinen Anstieg der stigmatisierten Rassen im Zuge der Entwicklung der jüngsten Kampfhunde-Debatte ausmachen. Ganz im Gegenteil, die Welpenzahlen nahmen sogar ab. So gab es im Jahre 1997 noch 861 Amstaff-Babies, 2000 (also in einem Schlüsseljahr der Hysterisierung) waren es 291, im Jahr 2001 waren es noch 23, in den Jahren 2002 und 2003 sogar Null. Im Jahre 2006 wurden wieder 57 Amstaff-Babies gemeldet. Ähnlich sieht die Kurve beim Dobermann aus. 1997: 1'577 Welpen. 2006: 757 Welpen. Ebenso der Rottweiler. 1997: 3'168 Welpen. 2006: 1'528 Welpen.

Vorsicht ist allerdings geboten. Bei den Zahlen geht es nur um anerkannte Rassehunde. Daher existieren auch kaum Daten über die Entwicklung der Pitbull-Population oder der Population von Mischlingen und papierlosen Rassehunden. Dennoch ist es kaum vermessen zu sagen: Von einer massiven Ausdehnung der Kampf-hunde-Population kann in Deutschland kaum die Rede sein.

Spezifisch für die Schweiz liefert die Statistik von ANIS (Animal Identity Service AG) präzise Angaben. ANIS registriert alle Hunde, die mit einem Chip ausgestattet sind. Da in der Schweiz seit 2007 eine Chip-Pflicht herrscht, sind die Zahlen umfangreich. Ausserdem muss bei der Registrierung eine Angabe zur Rasse gemacht werden – und zwar vom Tierarzt, der den Chip implantiert. Die Zahlen sind daher aussagekräftig. Was sagen sie? Per Statistik Dezember 2007 gab es in der Schweiz 11'810 Hunde, die (gemäss Definition der Rasseliste des Kantons Fribourg) als gefährlich gelten. Geht man von einer Hundepopulation von 0,45 Millionen aus, so sind das gerade mal 2,6%. Gefährliche Rassen, oder eben profan gesagt Kampfhunde, mögen vielleicht wegen ihrem schlechten Ruf in einschlägigen Milieus tatsächlich an Beliebtheit gewonnen haben. Von einer Kampfhunde-Epidemie ist aber weit und breit nichts zu sehen. Anders gelagert ist die Situation in den USA, wo Pitbulls seit Anfang der 80er Jahre sehr populär scheinen, wie Andrea Steinfeldt in ihrer Dissertation aufzeigt. (S. 94)

Was bei den Zahlenspielereien klar durchkommt, ist folgendes: Die aktuelle Kampfhunde-Hysterie bezieht sich auf Hunderassen, deren Anteil an der Hundepopulation im tiefen einstelligen Prozentbereich zu veranschlagen ist. Kampfhunde sind sozusagen Aussenseiter, eine winzige Minorität. Erschwerend kommt dazu, dass sie oft – zu oft – von Leuten aus einem problematischen soziodemographischen Umfeld gehalten werden. Das ist tatsächlich eine wichtige Beigabe zur gegenwärtigen Hysterie: Weil sie Aussenseiter sind, kann jeder billig und schadlos auf ihnen herumhaken.

Natürlich versuchen die wahren Liebhaber alles nur Erdenkliche zu tun, um ihre Rassen vor dem Zugriff dubioser Milieus zu bewahren und den Ruf durch Vorbildlichkeit in Haltung und Zucht zu verbessern. Doch das ist schwierig und wird in der Öffentlichkeit kaum anerkennend zur Kenntnis genommen. In einem gemeinsamen Schreiben von Klubs der angeschwärzten Rassen an den damaligen Justizminister Christoph Blocher steht: "Seit dem tragischen Vorfall in Hamburg [Tod eines Jungen durch Pitbulls] arbeiten die Klubs aller angeprangerten Hunderassen verzweifelt an Massnahmen, die sowohl dem Schutze der Menschen vor Hunden, als auch demjenigen der Hunde vor fehlbaren Haltern dienen könnten. Leider jedoch nahm man bei vielen zuständigen Behörden diese Bemühungen selten bis nie zur Kenntnis."

4

Hunderassen am Pranger: früher und heute

Gerät eine Hunderasse in den Fokus erhöhter öffentlicher Wahr-nehmung, so ist es meist ein negativer Ruf, der ihr vorauseilt und einen Nährboden für eine Emotionalisierung schafft. Einzelereig-nisse können so aufgebauscht werden und das Meinungsbild dras-tisch beeinflussen.

Lernen aus der Geschichte

Schauen wir ein paar Beispiele aus den USA an. Rasch sehen wir, dass einzelne Hunderassen schon in der Vergangenheit durch eine stark emotionalisierte Brille wahrgenommen wurden. Im Extrem-fall führte dies zu bodenloser Ächtung, im besten Fall rehabilitierte sich der Ruf einer Rasse unversehens wieder.

Beispiel eins: Der Bloodhound und Uncle Tom's Cabin

Ab dem späten 19. bis Anfang des 20. Jahrhunderts entfachte sich in Amerika eine regelrechte Bloodhound-Obsession. Man beachte die Analogie: Bluthund-Kampfhund, beides sind eher unappetitli-che Ausdrücke, die einen Hinweis auf die ursprüngliche Verwen-dung der Rasse geben. In der Tat hatten Bluthunde eine unrühmli-che Geschichte bei der Bewachung von Sklaven und der Eroberung Südamerikas. Die Bluthunde-Hysterie nahm dieses Klischee auf, unterstützt durch die Medien. Eine Rolle spielte das Buch von Harriet Beecher Stowe mit dem Namen "Uncle Tom's Cabin". Man kann nicht mal sagen, dass es das Buch an sich war, das dem Image des Bloodhounds so sehr zugesetzt hat. Es war vielmehr die Umsetzung des Stoffs in den damals populären Strassentheatern. Und auch da war es hauptsächlich eine Szene, die dem Ruf des Bloodhounds zusetzte. Es ist die Szene, bei der ein Rudel Bluthunde, die Sklavin Eliza verfolgt, als diese vor den fletschenden Hunden barfuss über den gefrorenen Ohio River flüchtet.

Die Parallele zur heutigen Medieninszenierung beissender Pitbulls ist evident. Hochemotional werden nur Versatzstücke, die besonders tragisch sind, präsentiert und kein Gesamtbild der Rasse. Man sieht in der Szene nur die böse agierenden Bloodhounds, so wie heute immer nur über beissende Pitbulls berichtet wird, nie aber über schmusende Pitbulls. Und noch eine Parallele: Diese Ausrichtung aufs Böse war auch finanziell wichtig. Die Veranstalter der Strassentheater, die Uncle Tom's Cabin aufführten, wussten ganz genau, dass die Leute eine echt gruselige Szene haben wollten und engagierten ganze Rudel von Bloodhounds, die auf der Bühne erschienen, um die Szene lebendig nachzuspielen... dass die Hunde nach der Show von angeheuerten Jungs völlig gefahrlos durch die Strassen der Stadt spazieren geführt wurden, ist eine andere Geschichte. Kurzum: Die Veranstalter der Shows wussten um die Werbewirksamkeit des Auftrittes von Bloodhounds – genauso wissen heute die Medien um die Wirksamkeit einer Geschichte mit einem Pitbull.

Beispiel zwei:
Wieso Bulldog, Collie, Schäfer mit blauen Augen davon kamen

In den USA waren Bulldogs bis in die erste Hälfte des 20. Jahrhunderts hinein äusserst beliebt. Die Rasse war so etwas wie ein nationales Symbol. Auch Präsident Theodore Roosevelt hatte einen Bulldog. Natürlich sind Bulldogs historisch gesehen Kampfhunde, und natürlich gab es damals den einen oder anderen Unfall mit dieser weit verbreiteten Rasse. Doch erstaunlicherweise erlebte sie nie die Ächtung, wie sie heute dem Pitbull zugemutet wird. Karen Delise erklärt sich dieses Phänomen in ihrem Buch "The Pit Bull Placebo" damit, dass Bulldogs sowohl in Funktionen eingesetzt wurden, die gesellschaftlich geächtet waren (z.b. Kämpfe) als auch in Funktionen, die hohe Anerkennung erfuhren (man erinnere sich an Stubby, den Kriegshund, der ein Bulldog-artiger Hund war). Entsprechend hielten sich die negativen und positiven Berichte in den Zeitungen die Waage. Wie Delise schreibt: "Wegen dieser ausgewogenen Berichterstattung und der Verwendung von Bulldogs in vielen Funktionen, positiven und negativen, hat der Bulldog nie eine weit gestreute Verurteilung in der Öffentlichkeit erlebt." (S. 69-70)

Ähnliches Glück hatte der Collie. Die Rasse war in den USA sehr beliebt bis weit ins 20. Jahrhundert hinein. Entsprechend gross war die Collie-Population. Weil es so viele Collies gab, waren sie logischerweise in relativ viele Unfälle verwickelt. Aber es kam nie zu einer ins hysterische getriebenen Aufwallung der Gefühle gegen die Rasse. Delise schreibt: "Aber Collies wurden nie als böseartige Hunderasse eingestuft, nicht einmal zu einer Zeit, als es einen bemerkenswerten Anstieg von ernsthaften und tödlichen Unfällen gab, und die Gründe dafür sind nicht so erstaunlich." (S. 50) Erstens war die Zuchtgeschichte des Collies sauber, frei von zwielichtigen Milieus und Verwendungszwecken. Einen wichtigen anderen Grund kennen wir alle, wenn wir uns in die Kindheit zurück vor den Fernseher setzen: Lassie. Die bekannte Fernsehserie geht auf eine Geschichte von Eric Knight zurück, woraus ab 1954 die bekannte Fernsehserie entstand.

Ähnliches passierte mit dem Deutschen Schäfer in den USA, der ab Anfang der 1920er Jahre auf dem besten Weg dazu war, seinen guten Ruf zu verlieren und zum neuen Hassobjekt zu werden. Doch aus nicht klar ersichtlichen Gründen rehabilitierte er sich gegen Ende der 1920er Jahre wieder. Waren es vielleicht die Zwischenkriegsjahre, der Eindruck des Krieges, der in seiner unfassbaren Dramatik die relative Belanglosigkeit von Hunde-Attacken ins rechte Licht rückte? Oder hat Rintintin der ganzen Rasse den Ruf gerettet? Lee Duncan, ein Korporal der US-Luftwaffe, brachte aus seinem Einsatz im 1. Weltkrieg zwei Deutsche-Schäfer-Welpen mit in die USA, die er in einem Bunker in Frankreich fand – ein Männlein und ein Weiblein. Das Weiblein starb leider bald. Doch aus dem Männlein wurde Rintintin – ein echter Star mit einer grossen Karriere in rund 25 Filmen. Dann – 1928 – wurde Buddy zum ersten Blindenhund der USA. Sie war eine Deutsche Schäfer Hündin. Des Image des Schäfers verbesserte sich wieder.

Beispiel drei: Der Dobermann und die SS

Weniger Glück hatte der Dobermann. Er gilt – wie wir wissen – bis heute als Kampfhund. Was der Rasse den Ruf gekostet haben könnte, sind die Bilder aus der Nazi-Zeit, Szenen von SS-Mannschaften mit ihren Hunden. Natürlich hat die SS nicht nur Dobermänner abgerichtet. Auch haben andere Streitkräfte die Hilfe dieser Rasse in Anspruch genommen, so etwa die amerikanischen Marines. Deren Dobermänner waren bekannt dafür, unterirdische Befestigungsanlagen der Japaner aufzustöbern. Aber irgendwie blieb die Assoziation SS-Dobermann lebendig. Wieso? Es gibt kein ersichtlicher Grund dafür. Vielleicht die Physiognomie, die etwas Strenges hat? Das dunkle, glatte Fell? Die spitzen Ohren? Vielleicht ist es die Grösse, die Kraft, die Dynamik und – wahrscheinlich vor allem – der Verwendungszweck als Wach- und Schutzhund.

Jedenfalls geschah, was Delise so beschreibt: "Um 1950 war die Transformation perfekt. Der Dobermann galt fast einhellig als ein bösartiger, herzloser Dämon-Hund, ein Biest, das Gefallen am Töten findet, unberechenbar und nicht vertrauenswürdig." (S. 81) Wie falsch die öffentliche Wahrnehmung war, schreibt Delise weiter unten so: "Von 1950 bis 1979 (…) war die Rasse verantwortlich für die gleiche Prozentzahl an Todesfällen wie die "freundlichen" Retriever Rassen (Labrador und Golden)." (S. 84) Die Fakten und die Wahrnehmung der Fakten – das sind halt oft zwei paar Schuhe.

Chronologie der aktuellen Kampfhunde-Debatte

Wann genau ging die nach wie vor lodernde Hysterie um den Pitbull los? Wir haben gesehen, dass Pitbull-artige Hunde in den USA lange Zeit äusserst beliebt waren. Wann begann ihr guter Ruf wegzuschmelzen? Karen Delise untersucht in ihrem Buch "The Pit Bull Placebo" genau diese Frage: "In den zehn Jahren von 1966 bis 1975 findet sich nur ein dokumentierter Fall einer tödlichen Attacke in den Vereinigten Staaten durch einen Hund, der auch nur entfernt als "Pitbull" identifizierbar ist." (S. 95) Offensichtlich: Der Pitbull kann per se nicht böse sein, wenn es in zehn Jahren nur einen einzigen tödlichen Unfall gab, von dem noch nicht mal ganz klar ist, ob er einem Pitbull zuzurechnen ist oder einer äusserlich ähnlichen Rasse. Wenn die Rasse im Zeitraum 1966 bis 1975 nur einmal zugebissen hat, wieso sollte sie dann heute plötzlich zur Bestie mutiert sein? Was ist da passiert?

Irgendwann in den 70er Jahren in den USA

Entscheidendes passierte wohl in den 70er Jahren in den USA. Die Wahrnehmung von Medien und Politikern begannen vermehrt, das Problem von Hundekämpfen ins Visier zu nehmen. Die Polizei wühlte die einschlägigen Milieus auf, verhaftete Organisatoren von Hundekämpfen, beschlagnahmte die Hunde – oft Pitbulls. Die Medien berichteten mit einem durchaus legitimen Interesse über das Umfeld der Hundekämpfer und das traurige Schicksal der Hunde. Doch der zunehmende öffentliche Fokus mit Berichten über die angebliche Kampfeskraft bei gleichzeitiger Loyalität gegenüber dem Besitzer erweckte vermehrt das Interesse von Menschen, die im Pitbull eine Möglichkeit sahen, ihr Ego aufzubauen, zu imponieren, andere zu bedrohen. So geriet die Rasse immer mehr in die Nähe eines dubiosen, auch kriminellen Umfeldes.

Das Märchen der verriegelnden Kiefer

Der Wendepunkt in der Berichterstattung kam erst Ende der 1970er Jahre mit den ersten Beiträgen über tödliche Pitbull-Unfälle. Von nun an agierten die Medien zunehmend emotionsgeladen und sensationsheischend gegen den Pitbull. Als im Sommer 1976 ein Knabe in Kalifornien von einem Hund getötet wurde, war das ein gefundenes Fressen für die Presse. Es wurde sogar berichtet, der Hund habe sein Gebiss um den Nacken des Knaben zusammengepresst und nicht wieder geöffnet. Wie Delise schreibt, habe eine Zeitung getitelt: "Five-year old killed by Bulldog". (S. 95) Weiter unten im Zeitungstext wurde dann aber der tötende Hund als "Pitbull" bezeichnet. Pitbull und Bulldog wurden folglich irgendwie durcheinander gebracht. Doch die Verwirrung ging noch weiter. Bekanntlich wurden Bulldoggen kurze Nasen angezüchtet, damit sie sich gut in die Beute festbeissen können. Dies schmückte die Zeitung noch etwas aus: "Weil die unteren Kieferknochen eines Bulldogs länger sind als die oberen, ist es physisch unmöglich, dass der Hund loslässt, solange ein Druck auf einem Gegenstand ist, den er im Fang hält." (S. 95) Der Aberglaube der "locking jaw" (etwa: verriegelnder Kiefer) war kolportiert und wird bis heute immer wieder auf den Pitbull projiziert.

Natürlich ist das purer medizinischer Non-sense. Dass es einen solchen Verriegelungsmechanismus in Wirklichkeit gar nicht gibt, zeigen Studien ganz klar, etwa jene der University of Georgia: "Es gibt keine mechanischen oder morphologischen Unterschiede zwischen den Kiefern des American Pit Bull Terriers und jenen von vergleichbaren Rassen, die wir studiert haben. Weiter fanden wir heraus, dass die American Pit Bull Terrier über keinen besonderen Mechanismus verfügten, der es diesen Hunden erlauben würde, ihre Kiefer zu verriegeln." (Zitiert in "The Pit Bull Placebo", S. 109-110). Auf den Punkt gebracht: Weder ein Pitbull noch sonst ein Hund kann eine Beute unwiderstehlich festhalten, indem er seinen Kiefer "verriegelt". Dennoch ist genau diese Vorstellung einer jener Brennstoffe, die immer wieder in die Flammen der tuellen Hysterie gegossen werden und das Feuer lodern lassen.

Die Pitbull-Manie erreicht die Schweiz

Gruselige Fantasien also. Die Rassegeschichte des Pitbulls. Ein wenig Vertrauen erweckendes Milieu, das Pitbulls falsch hält und falsch züchtet. Die irrige Meinung, das Gefährdungspotential eines Hundes sei vor allem genetisch und daher rassetypisch formulierbar. Und einfach die menschliche Tendenz, Angst zu entwickeln und Sündenböcke zu benennen, zumal wenn es sich um eine schwache Minderheit handelt. Das ist wohl das Material, aus dem die aktuelle Pitbull-Manie gebaut ist. Der Nährboden dafür wurde in den 1970er Jahren in den USA vorbereitet. Einzelereignisse mit beissenden Hunden in den letzten zehn, vielleicht zwanzig Jahren genügten dann schon, um auch in Europa und der Schweiz zu einem Seelenzustand der massiven Verwirrung und Hysterisierung zu führen.

Man kann getrost von Katalysatoren reden: 1991 tötete ein freilaufender Pitbull in England ein Mädchen mit angeblich 25 Bissen. Die Engländer führten daraufhin den berühmten Dangerous Dogs Act ein – sozusagen der Prototyp einer rassespezifischen Gesetzgebung. Die Einfuhr, Zucht und der Handel einer Liste von Kampfhunden wurde damit verboten.

Petra Dreßler erwähnt in ihrer Schrift "Medienspektakel um Kampfhunde" viele Berichte aus deutschen Medien, die aus den 1990er Jahren datieren und der Kampfhunde-Debatte schon ganz kräftig einheizten. Für die jüngste Welle wurde im deutschsprachigen Raum das Jahr 2000 zu so etwas wie einem Knackpunkt. In Hamburg sprangen zwei Hunde (American Staffordshire Terrier und Pitbull) über eine Mauer und verschafften sich Zutritt zum Schulhof, wo sie einen sechsjährigen Knaben töteten. Besitzer waren ein mehrfach vorbestrafter Mann und seine Freundin. In Deutschland folgten weitere Vorkommnisse in Köln und Krefeld, wo Kampfhunde auf einen Rentner und Polizisten gehetzt wurden.

In der Schweiz richtig los ging die Hysterisierung rund um Hundeunfälle ebenfalls im Zeitraum 2000 - 2001. Am meisten Wellen
warf wahrscheinlich der Fall mit einem Dobermann aus dem Jahre
2000. Aus Angst vor dem Hund sprang eine Frau in Zürich in die
Limmat und ertrank. Ebenfalls im Jahr 2000 wurden Fälle aus den
Kantonen St. Gallen, Zürich, Fribourg und Thurgau bekannt, bei
denen Kinder verletzt wurden – in einem Fall war sogar ein ohnehin unter Generalverdacht fallender Rottweiler beteiligt. Im Jahre
2001 griffen drei Kampfhunde einen Mann im Kanton St. Gallen
an, so dass er ins Spital musste. Im gleichen Jahr wird von einem
Fall aus dem Kanton Thurgau berichtet, bei dem vier Kinder von
Schlittenhunden verletzt wurden. All diese Fälle waren bestimmt
nicht dazu angetan, die Seelen zu beruhigen – wohl im Gegenteil.

Basel führte im Jahre 2001 sozusagen als Vorreiter eine Liste mit
potentiell gefährlichen Hunden ein, für die man sich nun eine Be-
willigung einholen musste. In Zürich hielt man sich mit neuen Gesetzen noch zurück. Spannend: Die Zürcher Kantonsregierung begründete ihre Entscheidung damals damit, dass die Gefährlichkeit
von Hunden nicht generell gewissen Rassen zugeordnet werden
könne – wie es in einem Bericht im "NZZ Folio" aus dem Jahre
2001 zum Thema heisst. Die Debatte flaute etwas ab.

Dann kam der unglaublich tragische Fall von Oberglatt im Jahre
2005. Pitbulls töteten einen Kindergärtner. Jetzt brachen in der
Schweiz alle Dämme. Kanton um Kanton ging daran, die Gesetze
zu verschärfen. Eine Ausbildungspflicht für alle Hundehalter wurde auf Bundesebene beschlossen. Einen Hund zu halten ist damit
nicht mehr wie seit Jahrtausenden ein bedingungsloses Recht, sondern ein Recht, das man sich erst durch den Besuch eines Kurses
vom Staat erbetteln muss. Brave New World. Das Überschwappen
der Bürokratie auf die Domäne der Hundehaltung. Und die Volksseele brodelte.

Eigentlich kein Grund zur Panik

Noch am 1. Dezember 2005, also am Tag des Unfalls von Oberglatt, veröffentlichte der "Tagesanzeiger" online eine Chronologie
mit dem Titel: "Kampfhunde: Vorfälle und Massnahmen". Die
Chronologie beginnt mit dem 26. Juni 2000, als zwei Kampfhunde

in Hamburg einen Knaben töteten. Sie endet 2005 mit dem Eintrag: "Die meisten Kantone führen die Hunde-Chip-Pflicht ein." Auf den ersten Blick sieht die Chronologie schlimm aus. Da gibt es Tote und Verletzte. Zweifelsohne tragisch. Sieht man aber genauer hin, so entdeckt man rasch Erstaunliches. Die Übersicht listet insgesamt neun Vorfälle auf, sieben davon waren Verletzungen, zwei Todesfälle. Der ganze Rest der Einträge betrifft keine Unfälle, sondern politische Massnahmen, die ergriffen wurden.

Wie gesagt: Die Chronologie umfasst rund fünf Jahre. Zählen wir jetzt mal: Zwei tödliche Unfälle in fünf Jahren. Wobei: einer davon war in Hamburg, also gar nicht in der Schweiz. Und der zweite war im engen Sinn kein Beissunfall, das Opfer hat sich einfach vor dem Hund (Dobermann) gefürchtet und ist in die Limmat gesprungen, wo es ertrank. Zählen wir weiter: Sieben Beissunfälle ohne Todesfolge. Das war's. Vielleicht ist die Chronologie nicht komplett, aber sie gibt ein sicheres Gefühl in Sachen Verhältnismässigkeit. Wenn das die gesamte Negativbilanz ist, die von tausenden Hunden in dieser langen Zeitspanne angerichtet wurde, so ist das zwar alles sehr bedauerlich, aber es ist wenig verglichen mit anderen Gefahren, die in derselben Zeit wahrscheinlich hunderte Menschen dahinrafften. Nüchtern betrachtet sind die paar Ereignisse gewiss nicht die Substanz, aus der reale, grosse Probleme bestehen – immer natürlich mit Respekt vor den Einzelschicksalen. Es ist gewiss nicht der Stoff, aus dem heraus sich eine solch hysterische Grundstimmung entwickeln dürfte.

Was ist da eigentlich passiert, dass sich die Leute mit einer vergleichsweise so marginalen Gefährdung so sehr beschäftigen? Erklären lässt sich das Phänomen nur damit, dass die Kampfhunde-Hysterie weniger mit der Problematik einer von Hunden ausgehenden Gefahr zu tun hat, sondern irgendwo in den Tiefen menschlicher Psychologie verankert ist. Die Kampfhunde-Debatte sagt weniger aus über das reale Gefährdungspotential von Hunden, dafür um so mehr über den mentalen Zustand des Zeitgeistes. Eine Analyse der aktuellen Kampfhunde-Debatte ist deshalb eine Analyse des modernen Zeitgeistes.

5

Die Angst geht um

Angst ist der erste Aspekt der aktuellen Kampfhunde-Debatte, den wir uns anschauen wollen. Die Fähigkeit scheint abhanden gekommen, mit alltäglichen Gefahren zu leben. Sieht man sich die statistischen Fakten an, so lässt sich sofort erkennen, dass Hunde praktisch keine Gefahr für die öffentliche Sicherheit darstellen. Die Angst vor Kampfhunden hat daher keinen realen Hintergrund. Sie ist irrational.

Die klare Sprache der Zahlen

Thesen sind immer gut – zumal wenn sie sich leicht begründen lassen. Lassen wir's also krachen: Die Intensität, mit der die Angst vor Hundebissen zelebriert wird, steht in keinem Verhältnis zur realen Gefahr, die von Hunden ausgeht. So lautet die These. Und sie lässt sich anhand von Zahlen einwandfrei untermauern. Hundebisse stellen nur eine marginale Gefahr für die Gesellschaft dar. Die Fakten liegen auf der Hand. Schauen wir sie uns an.

Um die Grössenverhältnisse gleich von Anfang an zu wahren, beginnen wir am besten mit einer Frage: Sie haben sich bestimmt schon verschluckt, oder? Unangenehm, klar. Aber hatten Sie beim Würgen und Husten nur schon einmal auch nur den Anflug eines Gefühls wie Todesangst erlitten? Natürlich nicht. Das wär's ja noch. Todesangst beim Verschlucken. Sie haben völlig Recht. Angst wäre vermessen. Gemäss "The Book of Risks" von Larry

Laudan beträgt die Wahrscheinlichkeit, an einem Lebensmittel-Brocken zu ersticken, nur 1 zu 160'000.

Andere Frage: Hatten sie beim Aufstehen schon mal Furcht vor dem oft beschwerlichen ersten Schritt des Tages empfunden, dem Schritt über die Bettkante auf den Fussboden? Natürlich nicht. Klarer Fall. Und auch da haben Sie Recht. Denn gemäss Laudan beträgt die Wahrscheinlichkeit, bei einem Sturz aus dem Bett zu sterben, die sagenhafte Wenigkeit von 1 zu 2 Millionen.

Tödliche Beissunfälle sind von extremster Seltenheit

Natürlich scheinen die Beispiele absurd. Aber genauso so absurd ist es, sich davor zu fürchten, von einem Hund tödlich gebissen zu werden. Genau genommen: Es ist noch viel absurder. Die Wahrscheinlichkeit, Opfer einer tödlichen Hundeattacke zu werden, beträgt nämlich rund 1 zu 75 Millionen. Der Tod durch einen Sturz aus dem Bett ist also 37,5 Mal wahrscheinlicher als der Tod durch einen Hundebiss. Schon allein diese Zahl genügt, um den Aberwitz der gegenwärtigen Kampfhunde-Hysterie zu erahnen.

Tödliche Beissunfälle sind also von extremster Seltenheit. Aussagekräftiges Zahlenmaterial für die Schweiz ist rar, was an sich schon ein Indiz dafür ist, dass es sich um ein absolut marginales Phänomen handeln muss. Schauen wir deshalb kurz in die USA. Dort gibt es pro Jahr 10 bis 20 Todesfälle infolge Hundebiss (gemäss The Humane Society of the United States). In Relation zur Bevölkerung von 300 Millionen kommt demnach ein einziger Todesfall auf jeweils 15 bis 30 Millionen Leute. Bricht man diese Zahlen auf die Bevölkerung der Schweiz von 7,5 Millionen herunter, so ergibt dies zwischen 0,5 und 0,25 Toten pro Jahr. Allerdings ist die Hundedichte in den USA höher. Es gibt dort mehr Hunde pro Anzahl Einwohner, woraus mit grosser Wahrscheinlichkeit mehr Unfälle resultieren.

Deshalb sind die amerikanischen Zahlen wohl zu hoch für die Schweiz. Die Organisation Lexcanis geht in einem Papier denn auch von weniger Todesfällen aus: Dort wird mit einem Toten alle 10 bis 15 Jahre in der Schweiz gerechnet. Das ergäbe 0,07 bzw. 0,1 Tote pro Jahr. Gut vergleichbar ist ferner Deutschland, das eine ähnliche Hundedichte und Besiedlungsstruktur aufweist wie die Schweiz. Dort rechnet man mit rund 1,5 Toten pro Jahr (gemäss Studie "Ökonomische Gesamtbetrachtung der Hundehaltung in Deutschland", S. 4). Deutschland hat eine Hundepopulation von ungefähr 5,3 Millionen. Bringt man die 1,5 Toten in Relation zur Schweizer Hundepopulation von 0,45 Millionen, so ergibt das 0,13 Tote pro Jahr für die Schweiz.

Wir sehen eins: Die Zahlen divergieren zwar ein bisschen. Aber sie sind sich völlig einig im wichtigsten Punkt: Dass nämlich das Risiko, Opfer einer tödlichen Hundeattacke zu werden, mikroskopisch klein ist. Nehmen wir deshalb den Schnitt folgender Zahlen: Lexcanis Höchstwert (0,1), Lexcanis Tiefstwert (0,07), Vergleich Deutschland (0,13). Das ergibt 0,1 Toter pro Jahr in der Schweiz. Und jetzt das grosse Rechnen: Geht man von 0,1 Toten pro Jahr in der Schweiz und einer Bevölkerung von 7,5 Millionen aus, dann ist die Wahrscheinlichkeit, im Verlaufe eines Jahres von einem Hund tödlich gebissen zu werden, somit 1 zu 75'000'000. Präziser gesagt: Es gibt in der Schweiz jährlich einen einzigen Toten auf eine (hypothetische) Masse von 75 Millionen Menschen. Um zu sterben, müsste man das riesengrosse, unglaubliche, kaum vorstellbare Pech haben, genau jener aller-aller-einzige unter der riesigen Masse von 75 Millionen zu sein, der von einem Hund tödlich attackiert wird.

Was sofort ins Auge sticht, ist eines: Da es so extrem wenige tödliche Beissunfälle gibt, kann man keine Regelmässigkeiten aus dieser dünnen empirischen Basis ableiten – beispielsweise punkto Beteiligung der verschiedenen Rassen an den Todesfällen. Man muss deshalb realistisch bleiben. Und dies bedeutet: Die paar ganz wenigen Todesfälle mit Hundebeteiligung können wohl nur verstanden werden als extrem unwahrscheinliche, ja singuläre Konstellation, als Verkettung unglücklichster Umstände. Wie absurd voreilige Schlussfolgerungen angesichts einer extrem dünnen empirischen Datenlage sein können, erklärt Karen Peak in ihrem Artikel mit dem Titel "The Failure of Banning Breeds". Die Autorin erwähnt darin einen Spitz, der im Jahre 2001 in den USA ein Kind tötete: "Vielleicht sollte man an ein Spitz-Verbot denken. Immerhin haben sie dieses Jahr so viele Leute getötet wie der APBT [=American Pit Bull Terrier]."

Machen wir ein Gedankenspiel, um die Absurdität herauszukitzeln: Nehmen wir an, es gäbe alle drei, vier Jahre nur einen einzigen tödlichen Autounfall. Nehmen wir weiter an, dieser einzige Unfall sei durch ein Auto in Pink verursacht worden. Wäre es sinnvoll, aufgrund dieses einzigen Vorfalls alle pinkfarbenen Autos zu verbieten? Absurd. Klar. Aber genauso absurd ist die Forderung nach einem Pitbull-Verbot. Kommt es zu einem tödlichen Beissunfall mit einem Pitbull, so könnte das Faktum, dass es sich ausgerechnet um einen Hund dieser Rasse handelt, genauso gut ein reiner Zufall sein, wie die Farbe Pink beim Unfall verursachenden Auto.

Hundeattacken im Vergleich zu anderen Todesursachen

Trotz aller Unwahrscheinlichkeit kommen tödliche Hundeattacken vor. Das ist ohne Zweifel sehr schlimm. Doch den Ausbruch einer Massenpanik erklärt es nicht, denn es gibt jede Menge anderer Todesursachen, die noch viel banaler sind und an denen erst noch viel mehr Menschen sterben. Eine Studie (zitiert in NZZ vom 1 Juni 2007) ergab, dass allein in der Schweiz rund 20 Tote pro Jahr auf den Handy-Gebrauch am Steuer zurückzuführen sind. Das sind 200 Mal mehr Todesopfer als durch Hundebisse. Liest man "The Book of Risks", so läuft einem ein kalter Schauer über den Rücken. Das Buch beschreibt jede Menge Todesursachen, an die wir kaum denken, die aber trotzdem viel häufiger eintreffen als eine tödliche Hundeattacke. Hier nur ein paar Kostproben: Ertrinken im Bad, Stromschlag, Vergiftung, Verbrennen, Blitzschlag und – Frauen aufgepasst: Tod bei Schwangerschaft oder Niederkunft oder ganz einfach durch die Alltäglichkeit eines Tampons.

Gar nicht erst denken darf man an die Kriminalität. In der Schweiz sterben pro Jahr 76 Leute (Durchschnitt 2000 - 2004 gemäss Medienmitteilung Bundesamt für Statistik vom 12. Oktober 2006) infolge von Tötungsdelikten. Damit kann man sagen: Es ist 760 Mal wahrscheinlicher ermordet als von einem Hund tödlich attackiert zu werden, wenn man die 0,1 Toten infolge Hundebiss als Vergleich nimmt, die wir vorhin errechnet haben.

Geht man von der Annahme aus, die meisten der 76 Kriminaldelikte mit Todesfolge seien von je einem Verbrecher verübt worden, so müsste es jährlich rund 76 Leute geben, die einen Mord begehen. Gemessen an der Schweizer Bevölkerung von 7,5 Millionen findet sich demzufolge je ein Mörder unter rund 98'500 Menschen. Wie sieht diese Quote nun bei Hunden aus? Nehmen wir wieder die 0,1 Toten pro Jahr infolge Beissunfall. Nehmen wir weiter die Hundepopulation von 0,45 Millionen. So kommt ein einzig tötender Hund auf die Masse von 4,5 Millionen Hunden. Prozentual ausgedrückt: Nur 0,00002% aller Hunde sind jährlich in einen Todesfall involviert.

Verletzungen durch Hundebisse

Natürlich sind auch Verletzungen durch Hundebisse ohne Todesfolge schlimm genug. Die bekannte Studie von Ursula Horisberger geht davon aus, dass es pro Jahr rund 13'000 ärztlich versorgte Beissverletzungen gibt. Auf den ersten Blick scheint das eine ganze Menge. In Wirklichkeit ist es verschwindend wenig. Man braucht sich nur ein paar wenige andere Risiken des Alltagslebens anzuschauen, und sofort rückt die Zahl ins rechte Licht. Beispiel Sport: 318'000 Unfälle, davon 11'100 Schwerverletzte und 760 Invalide (2003). Im Jahresschnitt 2000 - 2004 bescherte uns allein der Fussball 52'800 Verletzte, während man an Volksfesten 14'800 und in der vermeintlich harmlosen Kategorie "Anlässe, Spiele,

Neckerein" sogar 80'800 Verletzte zählte. (Angaben gemäss Statistik bfu)

Ausserdem muss man den Schweregrad der Verletzungen betrachten. Dann relativiert sich die Sache vollends. In der Studie von Horisberger erforderten die allermeisten Fälle eine Behandlung, die so zusammengefasst wurde: "Reinigung / Desinfektion / Verband" (78 bzw. 90% der Fälle je nach Behandlung durch Spital oder Hausarzt). Man darf die Sache nicht schönreden. Hundebisse sind eine Verletzung, die es zu vermeiden gilt. Ich weiss aus eigener Erfahrung, wie unangenehm selbst ein geringfügiger Biss sein kann. Dennoch: Über den Status einer Bagatelle kommen die meisten Beissunfälle nicht hinaus.

Machen wir ein Zahlenspiel und nehmen an, jede der 13'000 Verletzungen aus der Studie von Horisberger sei von einem anderen Hund verursacht worden. Das würde bedeuten, dass auf die Gesamthundepopulation von 0,45 Millionen unter 3% der Hunde jährlich in einen Beissunfall involviert sind. Oder anders gesagt: Über 97% aller Hunde sind an keinem Beissunfall beteiligt. Wobei auch diese Annahme noch eher pessimistisch ist. Viele Beisser sind wohl Wiederholungstäter, wie eine Studie des Institutes für Tierschutz, Verhaltenskunde und Tierhygiene der Ludwig-Maximilians-Universität München zeigt. Die Quote von an Beissunfällen beteiligten Hunden dürfte demnach unter 3% liegen.

Und noch immer bewegen wir uns im Bereich von eher pessimistischen Annahmen. Die Skala ist nach unten weit offen. Seit dem 2. Mai 2006 müssen Beissvorfälle den Behörden gemeldet werden. Man müsste jetzt also genau eruieren können, wie viele Vorfälle es tatsächlich gibt, bei denen Menschen geschädigt werden. Doch die Auswertung des Bundesamtes für Veterinärwesen (BVET) für das Jahr 2007 weist nicht 13'000 Fälle aus wie die Studie von Horisberger. Weit gefehlt auch, wer glaubt, die Statistik weise irgendetwas in der Nähe von 13'000 aus. Luft anhalten: Die Statistik zeigt sage und schreibe eine Winzigkeit von 2'678 Vorfällen gegen

Menschen. Fair muss man allerdings bleiben. Das Meldeverfahren kann nie alle Fälle erfassen, wahrscheinlich gehen immer einige Attacken durch die Lappen der Statistiken. Dennoch muss die kritische Frage erlaubt sein, woher die Riesendiskrepanz zwischen 13'000 und 2'678 kommt? Man muss kein Kleinredner sein, um anzunehmen, dass 13'000 Beissunfälle zu hoch angesetzt ist.

Und noch immer sind wir nicht am unteren Ende der Skala angelangt, wenn es darum geht, die Gefährdung der öffentlichen Sicherheit durch Hunde zu erfassen. Wieso? Eine Studie von Kenneth W. Kizer ("Epidemiologic and Clinical Aspects of Animal Bite Injuries") zeigt, dass 85% der Beissunfälle den Hundehalter selbst, ein Familienmitglied oder einen Bekannten betreffen. Nur 15% der Unfälle schädigen demnach Drittpersonen. Anders gesagt: Hunde beissen vorwiegend – wenn überhaupt – ihr eigenes, unmittelbares, oft familiäres Umfeld. Es handelt sich dabei um eine Art Selbstgefährdung der Hundehalter und ihrer Angehörigen. Wir haben vorhin gesehen, dass schon nur unter 3% aller Hunde überhaupt an einem Vorfall beteiligt sind. Nimmt man jetzt von diesen 3% nur jene 15%, die eine Drittperson schädigen, so ergibt das: 0,45%. Nur 0,45% aller Hunde beissen also im Verlauf eines Jahres jemanden, der nicht ihrem näheren Umfeld angehört. Nur diese 0,45% können als Gefährdung der öffentlichen Sicherheit gesehen werden. Positiv gesagt: Über 99% aller Hunde beissen im Jahresverlauf entweder gar nicht – und wenn sie beissen, so gefährden sie nicht die Öffentlichkeit, sondern schädigen jemanden in ihrem unmittelbaren Umkreis. Diese über 99% stellen also keine öffentliche Gefahr dar.

Die Vorstellung, von einem um die Ecke schiessenden Köter angegriffen und verletzt, womöglich gar getötet zu werden, ist also eine Idee aus dem Wolkenkuckucksheim der ganz, ganz bösen Träume fernab der Realität. Doch man kann beruhigt in der Realität aufwachen. Denn selbst mit den hier präsentierten Zahlen liegen wir wahrscheinlich noch zu hoch, weil wir mit doch eher pessimistischen Annahmen kalkuliert haben.

Ängstlichkeit bis zum Abwinken

Wir haben im Kapitel vorhin viele Zahlen zum Gefahrenpotential von Hunden gesehen. Resümieren lassen sich diese nur so: In Hunden mehr als eine marginale Gefährdung der Sicherheit zu sehen, kann man nur, wenn man im Reich der Hirngespinste lebt. Doch woher kommt denn die aktuelle Verteufelung des Pitbulls und Verwandter? Woher kommt diese Irrationalität in der Wahrnehmung? Woher kommt diese unbegründete Angst?

Bevor wir uns in diese Fragen stürzen, müssen wir noch kurz klären, worüber wir ganz genau reden. Es gibt nämlich ein Phänomen, das man mit "Canophobie" oder "Kynophobie" bezeichnen kann. Es geht dabei um eine besonders starke Angst vor Hunden, also um eine Phobie, die sich in diesem Fall nicht – wie besser bekannt – auf Schlangen oder Spinnen richtet, sondern eben auf Hunde. Solche Phobien haben meist ein traumatisches Erlebnis als Ursache, wenn beispielsweise jemand in der Kindheit von einem Hund schwer gebissen wurde. Doch das ist nicht unsere Thematik. Phobien sind das ganz persönliche Problem eines (geplagten, armen) Individuums. Eine Hundephobie ist eine Diagnose ohne Relevanz für die Öffentlichkeit. Hier aber wollen wir vom Phänomen einer öffentlich zelebrierten Ängstlichkeit vor Hunden reden, also von einem gesellschaftlichen Phänomen, das man kurz so umschreiben könnte: Wieso ist die moderne Gesellschaft unfähig, mit der minimalen Gefahr, die von Hunden ausgeht, rational umzugehen?

Aus Unwissen wird Angst

Ein nahe liegender Grund ist die fehlende oder falsche Information über die reale Gefahr von Hundebissen. Das Wissen der Allgemeinheit über das wahre Ausmass von Hundeunfällen ist gering. Die Gefahr wird in der Bevölkerung masslos überschätzt. Zwei Gründe dafür gibt es: 1) Die Medien berichten meist nur über einzelne, spektakuläre Hundeattacken, selten aber umfassend und differenziert über die in Wahrheit minimale Bedrohung, die von

Hunden global ausgeht. 2) Das Thema Hundeunfälle wird teilweise von der Politik instrumentalisiert, um sich zu profilieren. Auf beide Punkte gehen wir im Kapitel 7 ("Medien und Politik") noch umfassender ein. Wir sehen also: Die Angst vor Hundeattacken lässt sich zu einem grossen Teil mit Unwissenheit erklären. Ein bisschen Aufklärung könnte hier bereits Abhilfe schaffen.

Je grösser das Ego – desto grösser die Angst

Doch das ist noch nicht alles. Denn nebst dem Mangel an Wissen kommt ein emotionales, irrationales Element in der Wahrnehmung der Menschen dazu. Es ist paradox. Wir leben in einer Zeit, in der wir umsorgt und umhütet werden wie wohl noch gar nie in der Menschheitsgeschichte. Trotzdem steigt die Angst. Mehr Leute empfinden mehr Angst vor mehreren Dingen. Um uns alle möglichen Gefahren vom Hals zu halten, werden riesige staatliche Strukturen aufgebaut. Prävention wird zum Zauberspruch, mit dem uns jedes Risiko erspart werden soll. Ganze Behörden sorgen sich um unsere Gesundheit, planen unser Alter und betonieren unseren Alltag mit Regeln zu. Nicht rauchen. Nicht trinken. Nur ja genug Sport und Safersex. Eine riesige Sozialmaschine haut uns raus, wenn wir arbeitslos oder invalid werden oder auch nur ein bisschen knapp bei Kasse sind. Grund, Angst zu haben, gäbe es eigentlich kaum.

"Es scheint paradox", sagt denn auch der Psychoanalytiker Wolfgang Schmidbauer, der das bekannte Buch "Die hilflosen Helfer" verfasste, in einem Interview mit dem "NZZ Folio" vom September 2007. Im Interview nimmt er Stellung zur Frage, weshalb wir immer mehr Angst haben, obwohl unsere Gesellschaft stetig sicherer wird. "Trotz Frieden, Wohlstand, Rundumversicherungsschutz und Rechtsstaat nehmen Angststörungen zu: Phobien aller Art, Panikattacken, psychosomatische Herzleiden, Beziehungsängste", berichtet der Psychoanalytiker. Und dann nennt er eine Zahl: "Laut Statistik leidet in Deutschland jeder zehnte Mensch unter unangenehmen Ängsten, jeder zwanzigste bezeichnet Ängste als ernsthaft das Leben einschränkend."

Schmidbauer führt dieses Empfinden vor allem auf die grossen Entscheidungsspielräume zurück, die wir in der modernen Gesellschaft geniessen. "Das Ego wächst mit dem eigenen Einfluss, dem eigenen Entscheidungsspielraum. Zu Zeiten des Jägers spielten diese Ängste eine geringere Rolle. Erst mit dem Ackerbau und Vorratshaltung bekamen sie mehr Gewicht. Der Jäger hat Hunger, und den zu stillen, ist sein Antrieb. An Tagen, an denen er kein Tier erlegt, muss er den Hunger aushalten, ihm bleibt nichts anderes übrig, als sein Glück am nächsten Tag wieder zu versuchen. Der Bauer hingegen füllt durch monatelange Arbeit seine Kornkammer, die ihm über den Winter bringen muss. Ein Schatz, den es zu hüten gilt. Schon bei Saat und Pflege kann er Fehler machen, deren Auswirkungen er erst viel später bemerkt. Das Wetter kann ihm die Ernte versauen, das Korn kann abbrennen, vergammeln, gestohlen werden. Jede Menge Anlass zur Sorge. Die grössere Sicherheit des Ackerbauers entspricht also einer höheren seelischen Belastung."

Auf dieses Statement insistiert der fragende Journalist: "Aber die Gefahr ist ja durchaus real: Wenn der Bauer die Ernte verliert, droht Hunger." Darauf antwortet der Psychoanalytiker: "Das ist richtig. Aber je grösser der Bereich wird, den wir durch unsere materielle Ausrüstung und soziale Position kontrollieren, desto zahlreicher werden auch unsere narzisstischen Ängste. Denn Angst ist so konstruiert, dass sie immer eine Grenze bewacht."

Je mehr wir also unseren Alltag beherrschen, je weiter sich unser Narzissmus ausdehnt, desto mehr haben wir auch Angst. Schmidbauer bringt das Beispiel eines gut situierten Professors, der stark Angst empfindet und vergleicht dessen Ich mit einem aufgeblasenen Ballon: "Es ist sehr gross, es hat sich weit von seinem vitalen Kern entfernt und wertet Einschränkungen als bedrohlich, die jenem lächerlich scheinen, der ums Überleben kämpft." Je grösser also das Ego, je mehr müssen wir uns fürchten, etwas zu verlieren. Man hat dann vor immer banaleren Sachen Angst. Einer, der nichts hat, braucht sich auch nicht zu fürchten, überhaupt etwas zu verlieren. Einer, der einen Handlangerjob hat, hat Angst, diesen Handlangerjob zu verlieren. Aber einer, der einen gut bezahlten Kaderposten bekleidet wie der Professor, empfindet es schon als demütigend, wenn er einen schlechteren Job machen müsste oder auch nur bei einer Konferenz mal überhört wird. Die Grenze, wo Angst beginnt, verschiebt sich also immer weiter von existentiellen Fragen weg.

Man kann sich in diesem Kontext gut vorstellen, wieso es gegenwärtig vielen Menschen so schwer fällt, sachlich-ruhig mit der minimalen Gefahr von Hundebissen umzugehen. Schon seit tausenden von Jahren leben Hund und Mensch zusammen. Es muss in allen Phasen dieses Zusammenlebens Unfälle gegeben haben. Erst in der modernen, von Wohlstand geschwängerten Zeit ist aber die Angst vor Hunden richtig eskaliert. Es scheint also offensichtlich, dass die kollektive Angst vor Hunden und ihrer Fähigkeit zu beissen keine Natur gegebene Angst ist, die der Mensch unabhängig von den Lebensumständen empfindet. Die Angst vor Hunden scheint erst in einer modernen Wohlstandsgesellschaft virulent zu werden, in der sich die Menschen sehr rasch vor sehr vielen Dingen fürchten, die aber effektiv keine existentielle Gefahr darstellen. In diesen Kontext müssen wir die aktuelle Kampfhunde-Hysterie einordnen. Sie ist nicht Ausdruck einer realen Gefahr, sondern Ausguss einer nur psychologisch erklärbaren Befindlichkeit.

Angst als Grundbefindlichkeit in unsicheren Zeiten

Zur Symptomatik einer allgemeinen Überängstlichkeit gesellt sich eine belastende Unruhe in der gesellschaftlichen Entwicklung. In der Tat leben wir in einer Zeit rasanter Veränderungen. Wilhelm Heitmeyer beschreibt im Buch "Was treibt die Gesellschaft auseinander?" das Problem so: "Bisher dominierende kulturelle, religiöse und familiale Orientierungsmassstäbe sind ins Schwanken geraten, das Misstrauen in die Funktionsfähigkeit der Demokratie nimmt stetig zu, Zukunftsangst macht sich in immer stärkerem Masse breit, zumal die soziale Ungleichheit rapide wächst. Der rasante gesellschaftliche Wandel in den letzten Jahren – stichwortartig lassen sich hier die Wiedervereinigung, der Zusammenbruch des politischen Systems im Osten, die Globalisierung von Kapital und Kommunikation, die Massenarbeitslosigkeit sowie die kulturellen, religiösen und ethnischen Auseinandersetzungen anführen – hat zu einer grundlegenden Verunsicherung und Ratlosigkeit geführt, die alle Bereiche der Gesellschaft durchdringen und deren individuell wie kollektiv zerstörerische Folgen bislang kaum angemessen wahrgenommen und diskutiert wurden." (S. 10)

Stetige Umwälzungen in hoher Kadenz erzeugen ein Gefühl der Unsicherheit und Desintegration. Am Rande eines flutartigen gesellschaftlichen Wandels bleibt viel Schwemmholz in Form von Verunsicherung liegen. Grössenordnungen geraten durcheinander, Wichtiges lässt sich schwer von Unwichtigem unterscheiden, Selbstverständlichkeiten werden in Frage gestellt. Ein gesundes Augenmass kommt leicht abhanden, ein sicheres Bauchgefühl geht verloren und somit auch die Fähigkeit, Phänomene des Lebens spontan richtig einzuschätzen – beispielsweise das Phänomen von Hundebissen.

Bis zur Obsession...

In einer solchen Gesellschaft – geprägt von Ängstlichkeit und Unruhe – wird leicht eine unheilvolle Tendenz zur emotionalen Explosionsfreudigkeit aktiviert. Probleme werden bis zur Obsession empor emotionalisiert. Wie das funktioniert, konte man wunderbar beim Schuleintritt im Sommer 2007 beobachten. Seit je her gehen Kinder alleine zur Schule, überqueren dabei Strassen und Brücken, begegnen fremden Leuten. Doch in diesem Jahr war alles anderes. Kurz vor Schuleintritt wurde das kleine Mädchen Ylenia vermisst. Auf dem Weg vom Schwimmbad verschwand es – praktisch spurlos. Erst viel später fand man die Leiche. Das Mädchen wurde wahrscheinlich entführt und ermordet. Diese Geschichte löste eine solche Obsession aus, dass der Schulweg für Kinder zum öffentlich diskutierten Thema wurde. Viele Eltern fuhren ihre Kinder sogar zur Schule aus Angst, ihnen könnte Ähnliches passieren wie der kleinen Ylenia. Die "NZZ am Sonntag" vom 19. August 2007 nahm dieses Thema in einem Artikel auf. Darin hiess es: "Die Sorge um die Kinder nimmt obsessive Formen an: Jeder Hund ist ein Pitbull, jeder Fremde ein Feind."

Wir wundern uns nicht, dass im obigen NZZ-Artikel die beschriebenen obsessiven Formen der Angst ausgerechnet mit dem Satz illustriert werden: "Jeder Hund ist ein Pitbull." Doch wie soll man diesen Vergleich verstehen? Wahrscheinlich so: Wer sich obsessive Sorgen um die Kinder macht, der sieht in jedem Hund einen bösen, gefährlichen Hund, und der böse, gefährliche Hund hat ein Synonym: Den Pitbull.

Etwas Ähnliches kommt zum Ausdruck in einem Artikel, der im "Tagesanzeiger Magazin" erschienen ist. Der Verfasser schreibt in einer Art Glosse einen Tagesablauf. An einer Stelle heisst es: "Heute wollte ich die Schritte von meinem Zuhause in mein Büro via Bäckerei zählen. Doch ein Pitbull gefriertrocknete diesen Gedanken. Ein Schauer lief über meinen Rücken." Wie kann es sein, dass die Erscheinung eines Pitbulls zu einem kalten Schauer führt? Niemand kann von einem Journalisten halt verlangen, dass er über den nötigen kynologischen Sachverstand verfügt, um zu erkennen, dass der Pitbull, der seinen Weg kreuzt, für ihn praktisch keine Gefahr ist – jedenfalls eine so minimal kleine Gefahr, dass er sich davor nicht mehr zu fürchten braucht als vor tausend anderen Dingen im Leben.

Doch entscheidend ist nicht die reale Begebenheit der kleinen Episode. Nebenbei darf der Text bestimmt mit einer guten Brise Humor verstanden werden. Spannend ist vielmehr, dass die Episode überhaupt geschrieben wurde und wahrscheinlich beim Publikum auch ankam. Der Pitbull interessiert offensichtlich als Symbol für einen bösen Hund oder tiefgründiger als Symbol für eine Bedrohung, zumindest für etwas, das jederzeit einen deftigen Schrecken auslösen kann. In solcherlei Gestalt besiedelt er die dunklen Ecken der menschlichen Seele und ab und zu auch mal eine Strasse vor einer Bäckerei. So sehr scheint er die Leute zu beschäftigen, dass er auch in einer Glosse jederzeit auftauchen kann als Illustration für eine Angst machende Bestie.

Ein anderes spannendes Beispiel stammt aus der renommierten deutschen Zeitschrift "Spiegel". In einem Artikel vom Juni 2008 geht es um das unverdächtige Thema: Ist Musikhören beim Joggen eher förderlich oder eher nicht? Im Artikel ist sodann von einer Hypothese die Rede, die besagt, dass durch Musik das Gehirn des Sportlers stimuliert würde. Immer noch alles unverdächtig. Zur Illustration, wie das funktionieren soll, heisst es dann: "Zu ähnlicher Höchstform läuft etwa eine Mutter auf, deren Kind in Gefahr ist – oder auch ein Jogger, der von einem zähnefletschenden Pitbull verfolgt wird." Natürlich darf man über das Beispiel schmunzeln.

Fragen kann man auch: Wieso wird hier eigentlich ein Pitbull als Illustration herangezogen? Dass Pitbulls Jogger verfolgen ist doch ein reichlich unwahrscheinliches Szenario. Gute Frage also, wieso muss es ein Pitbull sein? Wieso schrieb der Journalist nicht von einer wild gewordenen Kuh, die einen Jogger verfolgt, oder einer entlaufenen Gans, die ihm den Weg versperrt – beides Szenarien, die um keinen Deut absurder sind als ein Pitbull, der einen Jogger mit fletschenden Zähnen verfolgt. Nein, es muss ein Pitbull sein, nur er erfüllt offensichtlich im populären Seeleben den versinnbildlichten Bösewicht – exklusiv sozusagen.

Wie wir den Beispielen entnehmen, ist der Pitbull zu einer Art Metapher geworden, die man gut heranziehen kann, wenn es gilt, eine Gefahr zu illustrieren, im engeren Sinne vielleicht eine Gefahr, die von einem Tier oder noch spezifischer von einem Hund ausgeht. Metaphern können bekanntlich nur im kulturellen Kontext verstanden werden und sind deshalb aussagekräftig, wenn es darum geht, Werte und Vorstellungen einer Gesellschaft zu verstehen. Wenn der Pitbull so exklusiv als Metapher für etwas Bedrohliches Verwendung findet, so sagt dies deshalb viel aus über Ängste, die sich in unser kollektives Seelenleben eingefressen haben.

Wenn nun Medien, ganz gewöhnliche Leute und in vielen Fällen sogar explizite Hundefreunde daran zu glauben beginnen, dass es gewöhnliche Hunde gibt – einerseits – und nebenher noch eine Kohorte ganz böser, gefährlicher Kampfhunde mitmarschiert, so scheint unsere Gesellschaft in der Tat an einer obsessiven Angst zu leiden. In unserer Gedankenwelt tauchen aus den hintersten Ritzen des Vorstellungsvermögens plötzlich Pitbulls und andere Kampfhunde auf. Jeder Hund kann ein Pitbull sein – und die sind böse. Vor jeder Bäckerei kann ein Pitbull auftauchen – und uns vor lauter Angst schaudern lassen. Hinter jedem Jogger kann plötzlich ein Pitbull hecheln – und nur das Bein im Blick, in das er beissen will. Pitbulls prägen plötzlich den ganzen Alltag. Was wir sehen, erinnert fast an ein omnipräsentes Bedrohungsgefühl – die typische Symptomatik einer Obsession.

Surreale Angst

Doch wieso sind eigentlich Kampfhunde, insbesondere der Pitbull so schrecklich aktiv in unserer Vorstellungswelt? Da passt ein Votum der Schriftstellerin Herta Müller. Eine ihrer Vorlesungen wurde in der NZZ vom 17./18. November abgedruckt. Darin hiess es: "Die vagabundierenden Eigenschaften, die einen Gegenstand in einen anderen verwandelten, waren unberechenbar. Sie verzerrten die Wahrnehmung blitzschnell, machten aus ihr, was sie wollten. Jeder dünne, im Wasser schwimmende Ast glich einer Wasserschlange. Wegen der ständigen Angst vor Schlangen habe ich Angst vor dem Wasser gehabt. Nicht aus Angst vor dem Ertrinken, sondern aus Angst vor dem Schlangenholz, vor diesen dürren schwimmenden Ästen, habe ich nie schwimmen gelernt. Die eingebildeten Schlangen wirkten stärker, als wirkliche es vermocht hätten, sie waren immer in den Gedanken, immer wenn ich den Fluss sah."

Wie recht sie doch hat: Sie hatte Angst vor Schlangen, die gar keine waren, nur ihrer Einbildung entsprangen. Vor diesen Einbildungen hatte sie noch mehr Angst als vor wirklichen Schlangen. Und sie schränkte sich deshalb sogar ein, lernte nie schwimmen. Genauso fürchtet sich unsere Gesellschaft vor Kampfhunden, obwohl das nur eine Einbildung ist. Auch unsere Gesellschaft fürchtet sich vor dieser Einbildung mehr als vor realen Kampfhunden. Und wegen dieser bösen Illusion schränkt man sich ein. Man fürchtet sich nicht nur, wovor es nichts zu fürchten gibt, sondern man lernt auch nie das freundliche Wesen von so genannten Kampfhunden kennen, wie es viele Liebhaber beschreiben, und im schlimmsten Fall beeinträchtigt die Hysterisierung sogar das feinfühlige Gebilde einer viel tausendjährigen Freundschaft zwischen Hunden und Menschen – einer Freundschaft, die uns gerade in einer Zeit von Vereinsamung und Entfremdung sehr wichtig sein müsste.

Ich habe Leute beobachtet, die zwar angaben, Angst vor Kampfhunden zu haben, wenn sie dann aber wirklich einem begegneten, zeigten sie keinerlei Furcht – und in den allermeisten Fällen wussten sie nicht mal, dass es ein Kampfhund war. Wenn ich dann sagte: Hey, das liebe Tierchen, das du da gerade streichelst, ist ein Kampfhund, schreckten sie manchmal kurz zurück, streichelten dann aber meist weiter und sagten etwas in der Art: Aber der ist ja gar nicht böse.

Der reale Kampfhund ist gar nicht böse, schon deshalb nicht, weil es ihn gar nicht gibt – seit Generationen werden keine Hunde mehr auf Kampftauglichkeit gezüchtet, es sei denn als perverse Entgleisung. Es ist ja nicht ein Hund aus Fleisch und Blut, den man fürchtet, sondern eine Kraft, die geradezu ins Dämonische stilisiert wird und durch den Hund zu wirken scheint. Dies wiederum erinnert bizarr an die Tierprozesse des Mittelalters. Helmut Brackert & Cora van Kleffens schreiben in ihrem Buch "Von Hunden und

Menschen": "In den mittelalterlichen Tierprozessen geht es daher nicht um die persönliche Verantwortlichkeit, sondern in nuce um die Bestrafung des Bösen schlechthin, weil es sich im Verhalten eines Tieres dem Menschen zeigt. Das schädigende Tier wird bestraft, damit das Böse aus der Welt geschafft wird. In Wahrheit wird also nicht das Tier, sondern der böse Dämon bestraft, der entweder das Tier als Werkzeug benutzt oder sich in ihm gezeigt hat." (S. 61)

Kann man eine solche Symbolik auch in der aktuellen Pitbull-Debatte erkennen? Wie im Mittelalter richtet sich der Fokus der Bestrafung nicht auf das individuelle Tier und dessen Verhalten, das in einer singulären Ontogenese geformt wurde. Vielmehr fokussiert man auf das Kollektiv der Rasse. Tut ein Kampfhund etwas Böses, so zieht man nicht die vielen, nachvollziehbaren Ursachen in Betracht, die sein Verhalten hervorgebracht haben. Da wären etwa die Erbanlage, die Sozialisierung, die Haltungsbedingungen, die Umstände des Vorfalls, die beteiligten Menschen und beteiligte weitere Hunde. Stattdessen fokussiert man exklusiv auf die Rassezugehörigkeit. Die Rasse dominiert alle Erklärungsansätze für das böse Verhalten des Hundes und erscheint als eine übergeordnete Kraft, die ihn unausweichlich zu bösem Handeln treibt. Der Hund erscheint so nicht böse aus diesen und jenen Gründen, sondern weil er dieser und jener Rasse angehört. Er ist bereits böse geboren und trägt diese rassespezifische, inhärente Bösheit in sich. Die Rassezugehörigkeit erscheint wie eine dämonische Kraft, die den Hund unverrückbar steuert. Die Kampfhunderasse – das ist der Dämon, der im Hund schlummert.

Das Zeitalter der Unbelehrbarkeit

Ähnlich irrational getrieben erscheint der Umgang mit anderen Phänomenen. Gute Beispiele sind die Grosstechnologien, denen oft mit äusserster Ablehnung begegnet wird ohne jeden Bezug zu wissenschaftlichen Erkenntnissen. Ins Schussfeld einer dogmatischen Abwehrschlacht fernab jeder Rationalität gerät immer wieder die

Gentechnologie. Alles, was mit Genen, Erbanlagen und Vererbbarkeit zu tun hat, scheint besonders prädestiniert dafür zu sein, populäre Mysterien aufzubauen. So ist die Vorstellung, eine Hunderasse sei besonders böse, ja nichts anderes als die Vorstellung, es handle sich um eine im Erbmaterial starr eingebaute und nicht beeinflussbare Verhaltensdisposition. Natürlich ist das Unsinn: Eigenschaften, selbst wenn sie vererbbar sind, lassen sich züchterisch beeinflussen. Doch viele Leute glauben offenbar an diese Unveränderbarkeit der genetischen Disposition und halten Kampfhunde für unveränderbar böse.

Genauso in den Bereich der Gene und des Erbmaterials fallen vulgäre Vorbehalte gegen die Gentechnologie. Auch hier entstehen im öffentlichen Diskurs Mythen. Und auch die Gentechnologie hat im weitesten Sinne etwas mit Genen und Erbmaterial zu tun. Obwohl es keine wissenschaftliche Evidenz gibt, Gentechnologie könne schädlich sein, essen die Leute keinen Genfood, protestieren sogar lautstark gegen eine Technologie, die gerade in der Landwirtschaft zu höheren Erträgen und weniger Hunger in der Welt führen könnte. Nichts kann die religiös inszenierte Feindseligkeit gegenüber der Gentechnologie anfechten.

Anscheinend aktiviert die Vorstellung von Genen und Vererblichkeit im Denken mancher Leute eine religiöse Mythologie, im Erbgut manifestiere sich so etwa wie ein göttlicher (oder – je nach dem – teuflischer) Wille, den man für unverrückbar hält, die unerschütterliche natürliche Ordnung sozusagen. Folglich könne man ins Erbgut nicht eingreifen (im Falle des Pitbulls, den man für genetisch bedingt böse hält, ohne dies züchterisch beeinflussen zu können) oder man dürfe nicht ins Erbgut eingreifen (im Falle der Gentechnologie, die man für gefährlich hält, weil sie das Erbgut manipuliert und damit in lästerlicher Weise einen göttlichen Bereich tangiert).

Wie auch immer: Pitbull-Angst und Gentech-Aversion, in beiden Bereichen haben sich Mythen gebildet, die sich gegen alle wissenschaftlichen Erkenntnisse als immun erweisen. Rationale Argumente haben es schwer, das Horoskop in der Tageszeitung wird inniger befolgt als die trockenen Statements der Experten. Viele Fragen drängen sich auf: Stehen wir vielleicht vor einem neuen Zeitalter der Unbelehrbarkeit? Ist der Primat der rationalen Erkenntnis zu Ende? Kann es erstaunen, dass die allgemeine Verängstigung, nachdem sie die rationale Erkenntnis zurückgedrängt hat, ein Bedürfnis nach absoluter und umfassender Sicherheit aktiviert, das den angemessenen Umgang mit Gefahren unterwandert? Kann es erstaunen, dass ein solches Umfeld Gefahren heraufbeschwört, die man zuvor kaum als Gefahren wahrgenommen hat? Und kann es erstaunen, dass die aktivistische Suche nach griffigen Ursachen für den emotionalen Notstand simple Erklärungsmuster begünstigt, wenngleich oder gerade weil die Ursachen für die Beklemmung weder klar benennbar und noch viel schwieriger beeinflussbar sind?

Alles zusammen ist es ein emotionales Gemisch, das den Aufbruch zur Jagd auf einen Sündenbock rasch einmal einläutet. Ein von Angst getriebenes gesellschaftliches Umfeld begünstigt die Definition von Stereotypen, die als Erklärungsmuster für die Unsicherheit herhalten müssen. Damit wären wir bei der zweiten Ingredienz der aktuellen Hysterisierung: dem Sündenbock Kampfhund.

6

Sündenbock Kampfhund

Der zweite Aspekt in der aktuellen Kampfhunde-Debatte ist der Stereotyp Kampfhund. Ein allgemeines Klima der Angst und Unsicherheit begünstigt die Jagd auf einen Sündenbock. Der Sündenbock wiederum wird meist repräsentiert durch eine schwer und nur vage definierbare Gruppe am Rande der Gesellschaft.

Was heisst eigentlich Kampfhund?

Typisch an der gegenwärtigen Debatte um das Gefahrenpotential von Hunden ist die scharfe Fokussierung auf die immer gleichen zehn bis fünfzehn so genannten Kampfhunde-Rassen, wobei der Pitbull als Prototyp davon das Auge des Hurrikans bildet. Wie kommt es, dass ob der schieren Fixierung auf die Rasse keinerlei differenzierte Wahrnehmung der vielfältigen Faktoren mehr möglich scheint, die zu Unfällen mit Hunden führen? Woher kommt diese Fixierung auf die Idee von Kampfhunden?

Ein Begriff macht Karriere

Schauen wir ein bisschen zurück: Aufschlussreich ist eine Stellungnahme des Presserates vom 19. Januar 2001. Dieser befasste sich mit drei Beschwerden, die gegen die Zeitung "Blick" eingelegt wurden. Im Jahre 2000 kam es in Deutschland und der Schweiz zu mehreren Unfällen mit Hunden. In Zürich sprang im November 2000 eine Frau aus Angst vor einem Dobermann in die Limmat und ertrank. Unter anderem monierten die Beschwerdeführer die undifferenzierte Verwendung des Begriffs "Kampfhund" durch den "Blick", der die Thematik bearbeitete. Die Beschwerden wurden abgewiesen. Punkto Kampfhunde begründete der Presserat dies so: "Der Begriff "Kampfhunde" hat sich in der öffentlichen Diskussion eingebürgert als Bezeichnung für aggressive Hunde verschiedener Rassen, deren Reizschwelle tief ist und die darum gefährlich sind. Es verstösst nicht gegen die Wahrheitspflicht, wenn Medien solche in der öffentlichen Debatte gebräuchlichen Bezeichnungen übernehmen." Die Begründung des Presserates ist ohne jeden Zweifel stichhaltig. Die Presse darf Wörter verwenden, die auch umgangssprachlich in Gebrauch sind. Was wir aber der Begründung entnehmen können, ist folgendes: Der Begriff "Kampfhund" hat sich offensichtlich umgangssprachlich eingebürgert und dann in der Presse festgenagelt. Ab wann das geschah, lässt sich schwer einordnen. Petra Dreßler schreibt in "Medienspektakel um Kampfhunde": "Anfang der 90er Jahre kam das Wort "Kampfhund" in den Medien auf." (S. 87)

Aber die Akzeptanz des Begriffs "Kampfhund" geht über die Umgangssprache hinaus. Sogar explizite Hundefreunde verwenden den meist despektierlich gemeinten Begriff. Dazu fällt mir ein Beispiel ein: Im Oktober 2007 besuchte ich die Internationalen Hundeausstellungen in Lausanne. Auf dem Weg zum Gelände wechselte ich einige Worte mit einem anderen Besucher, selbst Hundebesitzer. Da am selben Wochenende gerade Parlamentswahlen stattfanden, sprachen wir auch kurz über die politische Situation und wie sich diese auf die Hundegesetzgebung in der Schweiz auswirken könnte. Da sagte der Besucher: "Also es ist schon erstaunlich, wie viele Kampfhunde hier zu sehen sind." Er sagte es mit einer Betonung und begleitet von einer Mimik, die keinen Zweifel daran liess, dass er Kampfhunde für ein Problem hielt. Selbst in Kreisen mit einer Affinität zu und einem Wissen über Hunde scheint sich das Wort "Kampfhund" eingebürgert zu haben.

Doch das ist noch immer nicht das Ende der Skala. In Deutschland hat der Begriff "Kampfhund" sogar Eingang in die Gesetzgebung gefunden, wie Andrea Steinfeldt in ihrer Dissertation erwähnt: "So bezeichnen beispielsweise die Bundesländer Baden-Württhemberg, Bayern, Bremen und Hessen in ihren derzeit gültigen Hundeverordnungen einige Hunderassen ausdrücklich als "Kampfhunde" und reglementieren diese entsprechend." (S. 147)

Was wir sehen, ist folgendes: Das Wort "Kampfhund" wurde zum sprachlichen Faktum. Es ist ein Wort, das die Leute verwenden und von dessen Bedeutung sie eine mehr oder weniger klare Vorstellung haben. Doch welche Vorstellung? Bestimmt wird der Begriff eng assoziiert mit einigen Rassen, die als genetisch bedingt gefährlich gelten. "Kampfhund" ist daher im "volkstümlichen" Sprachgebrauch zu allererst die Bezeichnung für ein paar Rassen und nicht eine Bezeichnung für individuelle Hunde. Allerdings bin ich mir nicht vollends sicher, ob unter Kampfhund wirklich immer eine ganze Rasse verstanden wird. Ich könnte mir gut vorstellen, dass es auch den einen oder anderen Fall gibt, in denen ein einzelner Hund völlig unabhängig von seiner Rasse als Kampfhund qualifiziert wird.

Aber klar: Ein Charakteristikum des Begriffs "Kampfhund" ist im Grossen und Ganzen sicher, dass damit bestimmte Rassen mit ganz spezifischen Charaktereigenschaften gemeint sind, die man etwa mit "Kampfbereitschaft" zusammenfassen könnte und als besonders gefährlich gelten. Somit liegt dem Begriff die Vorstellung zugrunde, die charakterlichen Eigenschaften eines Hundes würden vor allem von der Rasse abhängen, woraus folgt, dass auch die Gefährlichkeit eines Hundes massgeblich von der Rasse abhängen soll. Formel: Kampfhund gleich gefährliche Rasse gleich gefährlicher Hund. Dass diese Vorstellung wissenschaftlich nicht haltbar ist, haben wir schon gesehen. Nichts desto Trotz liegt sie dem Begriff "Kampfhund" zugrunde.

Kampfhund als Funktionsbezeichnung?

Frage ist jetzt natürlich: Was braucht es, damit eine Hunderasse ins Wahrnehmungsmuster des Kampfhundes fällt? Etymologisch (also wortgeschichtlich) gesehen scheint die Sache klar. Das Wort "Kampfhund" ist ein Kompositum und geht auf die Wörter "Kampf" und "Hund" zurück, also auf Hunde, die kämpfen. Schon seit den frühen Tagen der Zivilisation wurden Hunde für den Kampf gegen Menschen, Tiere und Artgenossen eingesetzt. Doch oftmals fokussiert der Begriff "Kampfhund" ganz speziell auf die englischen Kampfhunde, wie sie Mitte des 19. Jahrhundert entstanden. Nachdem in England im Jahre 1835 Tierkämpfe verboten wurden, begannen viele Züchter, Hund gegen Hund zu hetzen, weil man Kämpfe mit kleinen Tieren besser in der Illegalität abhalten konnte als Kämpfe mit grossen Tieren wie Bullen. "Daraus wurde der Anfang der 'Kampfhunde'", schreibt bezeichnenderweise Karen Delise in ihrem Buch "Fatal Dog Attacks" (S. 84).

Man braucht jedoch nicht lange zu philosophieren und haarspalterisch zu werden: "Kampfhund" im etymologischen Sinne ist einfach die Referenz an einen (ursprünglichen) Verwendungszweck einer Rasse oder eines Hundetyps. Kampfhunde mussten kämpfen genauso wie Jagdhunde jagen und Hütehunde hüten mussten. Dass die ursprüngliche Funktion heute nicht mehr wahrgenommen wird, spielt dabei gar keine Rolle. Es ist nur der etymologische, sprachgeschichtliche Ballast, der noch im heutigen Wort mitgeführt wird und an die Entstehungsgeschichte einer Rasse oder eines Hundetyps erinnert. Und so werden heute auch die Kampfhunderassen nicht mehr für den Kampf gezüchtet – von einigen Ausnahmen in einem meist kriminellen Umfeld abgesehen. Kampfhunde aus seriösen Zuchten werden heute genauso wenig auf Kampftauglichkeit gezüchtet wie Golder Retriever fürs Apportieren oder der Dackel für die Jagd. Kampfhund bezeichnet also – wenn schon – eine historische Funktion für eine Gruppe von Hunden oder Rassen nicht anders als Hütehund, Stöberhund, Apportierhund usw.

Dass man zur Bezeichnung einer Gruppe von Hunden gerade auf deren Funktion abstellt, ist in der Kynologie völlig normal. Sogar der Begriff "Hund" ist letztendlich eine Funktionsbezeichnung, die auf das Altnordische zurückgeht und Jäger bedeutet. Auch der Welthundeverband FCI unterteilt die Rassen bekanntlich in verschiedene Gruppen, wobei die Einteilung oft schon für den Laien sichtbar mit einer Funktion korreliert. So gibt es die Gruppe 1 mit den Hütehunden, die Gruppe 6 mit den Lauf- und Schweisshunden, die Gruppe 7 mit den Vorstehhunden, die Gruppe 8 mit den Apportier-, Stöber- und Wasserhunden. Und sogar der Gruppe 9 mit der heterogenen Bezeichnung "Gesellschaftshunde" kann eine gewisse Funktionalität zugeordnet werden.

Kampfhunde sucht man in dieser Einteilung vergeblich. Das ist natürlich kein Zufall. Nach dem Verbot von Tierkämpfen in England im Jahre 1835 kamen seriöse Züchter rasch weg vom Hundekampf. Sie züchteten nicht mehr auf Kampftauglichkeit, sondern aufs Exterieur, also auf Schönheit. Als die wichtigen kynologischen Organisationen (die FCI wurde 1911 gegründet) entstanden, waren Hundekämpfe bereits in den Status einer illegalen Perversion abgerutscht. Die Verbände verbannten entsprechend von Anfang an die Zucht und das Training auf Kampftauglichkeit aus ihren Statuten. Wie Andrea Steinfeldt schreibt: "Die seriöse Hundezucht in Deutschland und anderen Ländern war und ist auf die Erschaffung von Familien- und Gebrauchshunden ausgelegt, so dass die historische Bezeichnung "Kampfhund" für diese Hunderassen, die seit vielen Generationen nicht mehr in Kämpfen eingesetzt wurden, unzutreffend ist." (S. 143)

Kampfhund als sprachliches Symbol

Der Begriff "Kampfhund" kann also irreführend sein. Doch wieso wird er dann so oft gebraucht? Und was verstehen die Leute wirklich darunter? Werden damit wirklich nur Rassen bezeichnet, die eine Geschichte als Kampfhunde aufweisen? Ahnt man nicht, dass hinter dem Begriff noch mehr steckt als der reine, sprachhistorische, etymologische Sinn? Man muss dazu ein bisschen in die Linguistik abtauchen: Ein Wort ist ein sprachliches Zeichen, das eine gewisse Vorstellung in unserem Kopf evoziert. Sagt jemand "Stuhl", so wird sofort ein gedankliches Konzept von Stuhl im Gehirn aktiviert. Dieses Modell geht auf den berühmten Genfer Linguisten Ferdinand de Saussure zurück. Zeichen (und damit natürlich Wörter) sind nach dieser Vorstellung aus zwei Teilen zusammengesetzt. 1) Der Signifiant: Er betrifft die Erscheinungsform des Zeichens. Der Signifiant ist einfach gesagt die Aussprache (im mündlichen Ausdruck) bzw. die Orthographie (im schriftlichen Ausdruck) eines sprachlichen Zeichens. Oder präziser: Er ist die mentale Repräsentation, unsere Vorstellung davon, wie ein sprachliches Zeichen zu klingen hat (mündlich) bzw. wie es graphisch auszusehen hat (schriftlich). 2) Der Signifié: Er ist jene Vorstellung über die Bedeutung, die das Zeichen in unserer Gedankenwelt evoziert.

Beide Teile des Zeichens werden in unserem Kopf durch eine Assoziation miteinander verbunden. Wichtig dabei: Das alles hat nichts mit der Realität zu tun, die beiden Teile eines Zeichens sind nur kognitive Phänomene. Wenn ich "Stuhl" sage und mir ein Bild von Stuhl im Kopf mache, so kann dies geschehen, ohne dass ein realer Stuhl aus Holz oder Metall oder was auch immer beteiligt ist. Die gleichen Mechanismen spielen natürlich mit dem Wort "Kampfhund". Wenn die akustische Sequenz "Kampfhund" ausgesprochen wird, dann wird in den Köpfen der Leute eine bestimmte Idee, ein mentales Konezpt evoziert, was ein Kampfhund denn darstelle, vielleicht so: böse, Zähne fletschend, tötend, bedrohlich, beissend, kämpfend, in den Händen böser Leute oder einfach ein Pitbull und was ihm ähnlich sieht.

Doch wie schaffen wir es, solche gedanklichen Wortbedeutungen mit realen Phänomenen des realen Lebens in Verbindung zu bringen? Dazu wurde das Modell von De Saussure weiter entwickelt. Man redet dann von einem semiotischen Dreieck. Zum Signifiant und Signifié (wir erinnern uns: rein kognitive Grössen) kommt jetzt noch eine dritte Komponente dazu: der Referent oder das Denotat. Diese bezeichnen das reale Objekt, das in der konkreten Situation gemeint ist, wenn wir ein Zeichen, ein Wort gebrauchen. Nehmen wir wieder die Vorstellung von Stuhl in unserem Kopf. Diese ist so vage, dass sie alle Arten von Stühlen umfassen kann: grosse, kleine, rote, blaue, eiserne, hölzerne und so weiter. Trotzdem sind wir in der Lage, diese vage Vorstellung auf einen konkreten Gegenstand in einem realen Lebenszusammenhang anzuwenden. Wenn jemand sagt: Setz dich auf den Stuhl und im Raum hat es einen Stuhl und ein Bett, so weiss ich sofort, worauf ich mich setzen muss. Das durch das Wort "Stuhl" aktivierte gedankliche Konzept konnte ich also erfolgreich auf den konkreten Gegenstand eines Stuhls übertragen. Doch dabei gibt es mitunter Zweifelsfälle: Ist ein sehr breiter Stuhl auch ein Stuhl oder schon eine Bank? Ist ein Stuhl mit Polstern noch ein Stuhl oder schon eher ein Sessel? Je vager ein Wort ist, desto schwieriger ist es, seine Bedeutung im realen Leben auf einen Gegenstand, auf einen Sachverhalt zu übertragen.

Nehmen wir einen solchen breiten Begriff aus einem ganz anderen Lebenszusammenhang: das stark pauschalisierende Wort "Südländer". Ist ein Sizilianer mit blonden Haaren auch ein Südländer? Was ist mit dem Schweden, der so schön gelockte schwarze Haare auf dem Kopf und der Brust hat und so gut Mädchen umzirzen kann? Ist der etwas konservative Macho aus einem gutbürgerlichen Schweizer Haushalt auch ein Südländer? Vielleicht nur in der Seele? Wir sehen: Es ist vertrackt. Und genauso ist es mit dem Wort "Kampfhund". Die Vorstellung von Kampfhund kann nicht so leicht einem konkreten Phänomen zugeordnet werden. Viele Leute, die von Kampfhunden reden oder sich vor ihnen fürchten, haben wahrscheinlich gar noch nie einen Kampfhund gesehen und könnten – stünde einer leibhaftig vor ihnen – diesen nicht mal als Kampfhund identifizieren. "Kampfhund" ist weniger eine Realität – mehr ein mentales Konzept in den Köpfen von Leuten, das keinen offensichtlichen Bezug zur Realität hat.

Wollen wir begreifen, was die Menschen unter "Kampfhund" verstehen, so ist die Frage auch falsch gestellt, wie denn so ein Kampfhund in der Realität aussehen möge, was er für reale Eigenschaften habe. Vielmehr müssen wir fragen: Welche Vorstellung, Idee von Kampfhund haben die Leute in ihren Köpfen? Welches innere Bild zeichnet sich vor ihrem geistigen Auge ab, wenn sie das Wort "Kampfhund" verwenden? Aufschlussreich könnte eine kleine Liste von Formulierungen sein, die Petra Dreßler in der Presse gefunden hat und in ihrer Arbeit präsentiert. Da steht: "Muskelbeissmaschinen", "Bestie", "Killerhunde", "furchteinflössende Muskelpakete", "lebende Kampfmaschine", "freilaufende Aggressionen". (S. 43) All diese Begriffe sind Umschreibungen des Begriffs "Kampfhund", also Synonyme. Genau so – oder ähnlich – muss es in den Köpfen vieler Zeitgenossen aussehen, wenn sie sich den Begriff "Kampfhund" ausmalen.

Und solche Vorstellungen fassen zusammen, weshalb der Begriff "Kampfhund" so problematisch ist: 1) Der engere Wortsinn lässt sich nicht genau klären und bleibt diffus. Was heisst schon Killerhund? 2) Gleichzeitig löst das Wort viele und negative Emotionen aus.

Kampfhund – ein Wort mit diffuser Bedeutung

Schauen wir uns zuerst die Probleme mit dem diffusen Wortsinn näher an und wagen uns an ein Schema, mit allen möglichen Bedeutungskomponenten, die in den Begriff "Kampfhund" einfliessen:

- Kategorie: Zuchtgeschichte
  Rassen / Hunde, die in ihrer Geschichte tatsächlich als Kampfhunde gezüchtet wurden und an Hundekämpfen teilnahmen. Das wäre der ursprüngliche etymologische Wortsinn. Meistens handelt es sich dabei im weitesten Sinne um Molosser, Bulldogs, Mastiffs und Verwandte.

- Kategorie: aggressiv / bedrohlich
  Rassen / Hunde, die als besonders aggressiv, bedrohlich, gefährlich wahrgenommen werden. Oftmals verbindet sich das mit der Vorstellung, das Gefährdungspotential eines Hundes liege sozusagen in den Genen, sei also vererbt und rassespezifisch festlegbar – obwohl das natürlich wissenschaftlich nicht haltbar ist.

- Kategorie: soziales Umfeld
  Rassen / Hunde, die mit einem bestimmten sozialen Umfeld in Verbindung gebracht werden wie: kriminell, Drogen, randständig, gewalttätig, Organisatoren von Hundekämpfen.

- Kategorie: Aussehen
  Rassen / Hunde, deren Aussehen die Leute ängstigt, sie als bedrohlich, sogar widerlich empfinden oder aus irgendeinem Grund mit "Kampftauglichkeit" in Verbindung bringen. Natürlich gibt es Halter, die einen Hund genau wegen solchen äusserlichen Eigenschaften wählen. Sie wollen einen Hund zum Imponieren und wählen eine Rasse, deren Aussehen sie für besonders eindruckvoll halten – im weitesten Sinne: bullig, massig, kräftig.

- Kategorie: Herkunftsland
  Rassen / Hunde, die eine besondere Affinität zum Heimatland haben, erhalten sozusagen einen Heimbonus und werden im entsprechenden Land weniger als Kampfhunde betitelt. In England beispielsweise ist der Staffordshire Bull Terrier mit seinem englischen Ursprung im Gegensatz zu anderen Kampfhunde-Rassen nicht verboten worden.

Bei all den stigmatisierten Rassen / Hunden schwingt eines oder mehrere der obigen Bedeutungskomponenten mit. Dabei müssen wir immer eins im Hinterkopf behalten: Im populären Sprachgebrauch ist für die Zuteilung einer Rasse oder eines individuellen Hundes zum Begriff "Kampfhund" nicht immer entscheidend, welche Eigenschaften die stigmatisierten Hunde / Rassen in der Realität aufweisen, sondern das, was die Menschen für die realen Eigenschaften dieser Hunde / Rassen halten – zurecht oder zu unrecht.

So hört man immer wieder, der Pitbull sei genetisch fixiert aggressiv, weshalb er als Kampfhund zu gelten habe. Eine wissenschaftliche Evidenz dafür gibt es nicht. Und die allermeisten Pitbulls sind natürlich gar nicht böse, sondern prima Kumpels. Oder viele glauben, der Rottweiler sei ein typischer Kampfhund, offenbar weil ihn seine kräftige Physiognomie zur Teilnahme an Hundekämpfen prädestiniere, obwohl die Rasse in Wirklichkeit gar keine Kampfhunde-Geschichte hat. Viele wiederum bringen den American Staffordshire Terrier mit einem kriminellen Milieu in Verbindung, obwohl er seit je her ein Ausstellungshund war und die allermeisten Hunde dieser Rasse bei exzellenten Liebhabern leben. Kurzum: Es zählt mehr das, was die Leute von den Hunden glauben, als das, was die Hunde wirklich sind, wenn es um die Zuordnung zum Begriff "Kampfhund" geht.

Es sind ja immer die gleichen 10 bis 15 Rassen, die als Kampfhunde gelten. Schauen wir uns ein paar der immer wieder genannten Rassen im Hinblick auf diese Bedeutungskomponenten an.

Pitbull, American Staffordshire Terrier, Bullterrier, Bullmastiff, Staffordshire Bull Terrier, Mastiff. Auf sie treffen alle Bedeutungskomponenten zu. Sie haben tatsächlich eine Kampfhunde-Vergangenheit. Von ihnen wird geglaubt, sie seien genetisch veranlagt aggressiv, kämen in einem dubiosen sozialen Umfeld gehäuft vor. Ihre Physiognomie wird als kämpferisch, bedrohlich wahrgenommen. Sie geniessen als angelsächsische Rassen keinen Heimatbonus in der Schweiz. Kein Wunder gelten sie fast durchgängig als Kampfhunde. Sie sind sozusagen der innerste Kern des Begriffs "Kampfhund".

Der Rottweiler und der Dobermann gelten in der Umgangssprache ebenfalls oft als Kampfhunde. Bei ihnen trifft die Bedeutungskomponente Zuchtgeschichte weniger zu, weil sie ja historisch keine Kampfhunde sind, wenngleich dies natürlich viele Leute glauben mögen. Doch gelten sie bei manchen Leuten als genetisch bedingt gefährlich und aggressiv. Sie werden allerdings weniger stark als der Pitbull mit einem dubiosen sozialen Milieu in Verbindung gebracht. Ihre Physiognomie ist stämmig, stark im Falle des Rottweilers und schnittig, glatt im Falle des Dobermanns, bestimmt nicht geeignet, als lieblich und harmlos zu gelten. Und auch sie geniessen als deutsche Rassen in der Schweiz nicht unbedingt einen Heimatbonus.

Immer wieder hört man von exotischen Rassen wie dem Tosa Inu. Die Rasse stammt aus Japan und hat durchaus eine Kampfhundevergangenheit. Der Tosa Inu entstand wahrscheinlich, indem ein spitzartiger Jagdhund, wie sie in Japan üblich sind, mit Doggen, Bulldoggen und Mastiffs gekreuzt wurde. Die Physiognomie ist kräftig und wird wahrscheinlich als wenig lieblich wahrgenommen.

Der Dogo Argentino fällt auch immer wieder unter den Begriff "Kampfhund", obwohl er eigentlich ein Jagdhund ist. Die Rasse geht jedoch auf Doggen und Molosser zurück, die die Spanier gegen Ende des 15. Jahrhunderts nach Südamerika brachten und durchaus kampftüchtig gewesen sein dürften. Die Rasse ist kräftig, das Fell kurz und glatt, was wiederum mit wenig Gemütlichkeit und eher mit Strenge und Aggression in Verbindung gebracht wird. Nicht in dieses Muster passt allerdings die weisse Fellfarbe. Die steht im Allgemeinen eher für Ruhe und Unschuld. Sein Charakter gilt als unbestechlich und furchtlos mit starkem Schutztrieb. Vielleicht macht ihn dieses Verhalten anfällig für Missbrauch oder Imponiergehabe, was seiner Reputation wiederum nicht zuträglich sein dürfte.

Der ebenfalls oft als Kampfhunde bezeichnete Fila Brasileiro ist gross, hat Falten, hängende Ohren. Seine Gesichtszüge lassen ihn nicht als besonders bedrohlich erscheinen, möglicherweise wird aber sein kräftiger Körperbau so wahrgenommen. Punkto Zuchtgeschichte geht der Fila Brasileiro ebenfalls auf Molosser und doggenartige Hunde zurück, wie sie die Spanier und Portugiesen nach Südamerika brachten. Später haben sie sich mit bulldoggen- und mastiffartigen Hunden und Bloodhounds vermischt. Diese Hundetypen spielten bei der Eroberung Südamerikas und bei der Bewachung von Sklaven eine äusserst traurige Rolle. Färbt vielleicht dieses Faktum auf den heutigen Fila Brasileiro ab? Auch der Charakter der Hunde gilt als dominant. Vielleicht hilft auch das seinem Ruf nicht unbedingt.

Der Cane Corso und der Mastino Napoletano gehen beide auf die antiken Kampf- und Kriegshunde zurück, haben also eine Kampfhunde-Vergangenheit. Der Cane Corso hat ein kräftiges Äusseres mit glattem Fell – bestimmt kein Hund, dessen Erscheinungsbild als lieblich-harmlos wahrgenommen wird. Der Mastino Napoletano wiederum hat markante Falten, was ihn fast "schlapp", "nachdenklich", "müde" erscheinen lässt. Aber vielleicht ist es wieder der starke Körperbau, der der Rasse den Ruf einbrachte, gefährlich und bedrohlich zu sein. Punkto Verhalten wird sowohl dem Cane Corso wie auch dem Mastino nachgesagt, sie hätten einen ausgeprägten Schutztrieb. Möglicherweise ist es dieser Schutztrieb, der als besonders aggressiv oder bedrohlich empfunden oder von ungeeigneten Haltern missbraucht wird.

Interessant zu sehen ist, dass einige Hunde gerade nicht als Kampfhunde gelten, obwohl sie eigentlich viele Eigenschaften hätten, die sie dazu qualifizieren würden. Ein gutes Beispiel ist der Boxer. Sein Äusseres sieht manchen Kampfhunden ähnlich. Seine Zuchtgeschichte wird kaum je als problematisch wahrgenommen, obwohl die Vorfahren der Rasse im Kampf gegen Bären und Bullen eingesetzt und in Hundekämpfen missbraucht wurden – genau wie die Vorfahren anderer Rassen auch, die aber heute stigmatisiert werden. Trotz dieser Kampfhunde-Vergangenheit steht der Boxer im Ruf eines verspielten Kinderfreundes – eine Eigenschaft, die übrigens von Kennern auch dem Pitbull und anderen Rassen nachgesagt wird, die aber heute das Kainsmal des Kampfhundes tragen. Wieso ist also der Boxer kein Kampfhund? Wahrscheinlich ist es das Faktum, dass er nie in ein fragwürdiges soziodemographisches Umfeld abrutschte. Im Gegenteil erlebte er bis in die 70er Jahre einen regelrechten Boom als Familienhund. Hätte sich stattdessen ein Umfeld aus – sagen wir – Drogendealern und Zuhältern für den Boxer interessiert, so hätte er bestimmt beste Chancen gehabt, heute als Kampfhund zu gelten.

Geradezu kurios mutet an, weshalb der Deutsche Schäfer fast nie in die Kampfhunde-Ecke gestellt wird: – obwohl er regelmässig die Beissstatistiken anführt. – obwohl er eine Rassengeschichte hat, die teilweise mit völkischem Gedankengut zu assoziieren ist. – obwohl seine Physiognomie etwas Strenges hat, das nicht unbedingt mit Niedlichkeit in Verbindung zu bringen ist. – obwohl er in Bewachungs- und Schutzfunktionen eingesetzt wird, die durchaus mit der Zulassung und Förderung von Aggression einhergehen können. Wieso gilt der Deutsche Schäfer also nicht als Kampfhund? Ist es vielleicht das Faktum, dass er noch immer von vielen Leuten als Polizeihund schlechthin gesehen wird, als Freund und Helfer der staatlichen Autorität?

Wieder ein anderes Beispiel ist der Bulldog. Er ist historisch gesehen ein Kampfhund, wird aber heute kaum stigmatisiert. Wieso? Vielleicht weil er mit seiner schweren Anatomie heute so unbeweglich geworden ist, dass ihm niemand unterstellt, er sei überhaupt noch in der Lage, eine Gefahr darzustellen? Oder ist es mehr, weil er nie Popularität in einem zwielichtigen Milieu erlangte? Mehr als alle anderen Beispiele zeigt der Bulldog, dass das Vorhandensein einer realen Kampfhunde-Geschichte nicht entscheidend dafür ist, ob ein Hund als Kampfhund gilt.

Interessant sind ferner ein paar Zahlen: Gemäss ANIS (Animal Identity Service AG) gab es 2007 in der Schweiz 11'810 Hunde, die – wenn man die Rasseliste des Kantons Freiburg zugrunde legt – als gefährlich einzustufen sind. 4'661 davon sind Rottweiler und 2'236 Dobermänner. Weit mehr als die Hälfte dieser so genannt gefährlichen Hunde, die im Volksmund wohl als "Kampfhunde" bezeichnet würden, sind Rottweiler und Dobermänner – also gar keine Hunde mit einem züchterischen Ursprung als kämpfende Hunde.

Vor diesem Hintergrund kann es nicht erstaunen, dass die Subsumierung einer Rasse unter den Begriff "Kampfhund" mehr oder weniger beliebig bleibt. Schlagender Ausdruck dieser Willkürlichkeit sind die Rassenlisten verschiedener Länder. Gäbe es eine klar definierbare Kategorie von Kampfhunden, so müssten ja die Rassenlisten überall identisch sein. In Wirklichkeit sind sie aber durchaus heterogen – genauso schwammig also, wie der Begriff "Kampfhund", der ihnen meist zugrunde liegt.

Langer Rede kurzer Sinn: Eine genaue Definition des Begriffs "Kampfhund" gelingt nicht. So banal es klingen mag, die beste Definition, die mir einfällt, würde so aussehen: Ein Hund gerät immer dann ins Wahrnehmungsraster eines Kampfhundes, wenn er eine Physiognomie hat, die im weitesten Sinne als kräftig, bullig, stämmig, wenig Sympathie- und Vertrauen erweckend beschrieben werden könnte, und / oder eine Rassegeschichte aufweist, die im weitesten Sinne mit Hundekämpfen, Krieg, allenfalls Bewachungs- und Schutzaufgaben in Verbindung gebracht wird, und / oder auf die Typen Mastiff, Dogge, Molosser zurückgeht und – vielleicht am wichtigsten: Es sind einfach Hunde / Rassen, die aus mehr oder weniger fassbaren Gründen als bedrohlich und ängstigend wahrgenommen werden.

Kampfhund – ein Wort mit emotionaler Begleitmusik

Das wäre also geklärt: Die engere Bedeutung des Begriffs "Kampfhund" bleibt vage. Doch wir haben gesagt, dass das Problem dieses Wortes nicht nur seine unklare Bedeutung ist, sondern auch die Tatsache, dass es intensive und negative Gefühle auslöst. Wir erinnern uns an die Begriffe aus der Presse wie "Killerhunde", "furchteinflössende Muskelpakete", "lebende Kampfmaschine". All diese Formulierungen sind mehr oder weniger despektierliche Umschreibungen des Begriffs "Kampfhund" und zeigen, welche Emotionen im Spiel sind. So ist es auch mit dem Wort "Kampfhund" selbst. Es ist ein Begriff, der vor allem eins tut: Emotionen auslösen.

In der Linguistik geht man davon aus, dass die Bedeutung eines Wortes aus einer Denotation und einer Konnotation zusammengesetzt ist. Die denotative Bedeutung meint den engeren Wortsinn. Die konnotative Bedeutung ist dagegen eine Gefühlsstruktur, die den eigentlichen Wortsinn begleitet. In der Konnotation schwingen daher Bedeutungskomponenten im stilistischen, emotionalen, affektiven Bereich. Man kann deshalb sagen: Die enge, denotative Bedeutung des Wortes "Kampfhund" lässt sich nur schwer definieren. Sie ist vage, inkohärent, widersprüchlich. Doch die konnotative Bedeutung ist sehr intensiv. Um den schwammigen Bedeutungskern entfaltet sich ein intensiver emotionaler Wirbel. Der Begriff evoziert Bilder von bedrohlichen, bösen, beissenden, fletschenden, tötenden Hunden.

Schon das Wort "Kampf" selbst hat im deutschen Sprachraum historisch bedingt eine äusserst negative Konnotation, ist also negativ belastet. Wir brauchen kaum daran zu erinnern, dass eines der unsäglichsten Bücher eines der unsäglichsten Menschen genau dieses Wort im Titel trägt: Mein Kampf. Auch eine andere menschenverachtende Ideologie hat emsigen Gebrauch eines Begriffs gemacht, der das Wort "Kampf" enthielt: Klassenkampf war eine der tragenden Säulen in der Terminologie und Vorstellungswelt des Sozialismus. Kampfhund ist daher ein Kampfwort. Es hat wenig Aussage- dafür viel Explosivkraft im Gefühlsbereich.

Verlegensbegriffe mit sachlichem Anspruch

Sehen wir uns das alles an, so schiesst uns das Dilemma direkt ins Gesicht. "Kampfhunde" kann ganz vieles bedeuten – und genau dadurch bedeutet es auch wieder nichts, nur eines tut es immer: Emotionen schüren. Formel: viel Schall und Rauch um nichts. Allenfalls liesse sich das Dilemma mit klarer gefassten Begriffen auflösen, die weniger emotionalgeladen sind. Und tatsächlich: Spannend ist nämlich zu sehen, dass in der Hunde-Kontroverse zusehend Begriffe wie "gefährliche Hunde", "Hunde mit einem erhöhten Gefahrenpotential", "potentiell gefährliche Hunde" usw. eingeführt wurden, um der Sache einen sachlicheren Anstrich zu geben. Doch im Kern des populären Sprachgebrauches sind solche Begriffe identisch mit dem Begriff "Kampfhund". Man subsumiert darunter immer wieder die gleichen Rassen. Ob man sie dann als "Kampfhunde" oder "gefährliche Hunde", "Hunde mit einem erhöhten Gefahrenpotential", "potentiell gefährliche Hunde" oder wie auch immer etikettiert, macht keinen Unterschied.

Andrea Steinfeldt weist zwar in ihrer Dissertation darauf hin: "Hunde, die durch ein ausgeprägtes Aggressionsverhalten gegenüber Mensch und Tier auffallen, sollten vielmehr als "Gefährliche Hunde" angesehen werden. Da es keine gefährlichen Hunderassen, sondern nur gefährliche Hundeindividuen gibt, ist diese Definition rasseneutral zu betrachten." (S. 148) Irene Sommerfeld-Stur liefert ebenfalls eine gute Definition davon, was man unter "gefährlicher Hund" verstehen könnte: "Hunde, die bereits einmal oder mehrmals ohne besonderen Grund gebissen haben, sind somit unabhängig von ihrer Rassenzugehörigkeit als besonders gefährlich im Vergleich zu Hunden ohne Aggressionsvorgeschichte zu betrachten", schreibt sie im Aufsatz "Zur Frage der Gefährlichkeit von Hunden auf Grund der Zugehörigkeit zu bestimmten Rassen". (S. 37) Es gäbe bestimmt noch viele andere kluge Definitionen, die alle sehr richtig sind. Doch ist es immer die klare Sicht von Experten. In der verschwommenen populären Verwendung wird unter Begriffen vom Typ "gefährlicher Hund" nichts desto Trotz ungefähr das gleiche verstanden wie unter "Kampfhund", sprich ein diffuses Konglomerat von Hunden mit einem erhöhten Gefährdungspotential und einer bestimmten Rassezugehörigkeit.

Begriffe vom Typ "gefährlicher Hund" halte ich deshalb ausserhalb dem bewussten und wohl definierten Gebrauch in der Fachwelt weit gehend für reine Synonyme zu "Kampfhund". Doch sie lösen weniger Gefühle aus, sie wirken weniger despektierlich, kurzum: sie haben eine neutralere Konnotation. Deshalb suggerieren sie mehr Fachlichkeit und Seriosität ohne solcherlei Qualitäten zwingend haben zu müssen. Dasselbe Phänomen lässt sich in andern öffentlichen Themenfeldern beobachten. Man redet ja heute nicht mehr von "Arbeitslosen", sondern von "Stellensuchenden". Beides sagt genau das gleiche aus, doch "Stellensuchender" tönt positiver.

Inhaltlich allerdings schaffen auf den ersten Blick mildere Begriffe wie "gefährliche Hunde" noch mehr Unklarheit. Schauen wir uns dazu ein Beispiel an. Die bekannte Ethologin Dorit Feddersen-Petersen hat im Rahmen eines Gutachtens Verhaltenstests an Staffordshire Bull Terriern durchgeführt. Fragestellung: "Gibt es Belege für ihre Einstufung als ‚unwiderlegbar gefährliche Rasse'?" Wir sehen: "unwiderlegbar gefährliche Rasse" – auch das ist so ein vermeintlich milderer Begriff mit sachlichem Anspruch für etwas, was populär wohl einfach als "Kampfhund" bezeichnet würde.

Doch das stiftet mitunter noch mehr Verwirrung, wie sich am Beispiel des Staffordshire Bull Terriers aufzeigen lässt. Bezeichnet man ihn als "Kampfhund", so ist dies zumindest insofern noch nachvollziehbar, als er historisch gesehen als "Kampfhunde-Rasse" entstanden ist. Bezeichnet man ihn jedoch als "gefährlicher" oder "potentiell gefährlicher Hund" oder sogar "als unwiderlegbar gefährliche Rasse", so suggerieren die Begriffe ja erst recht, dass damit etwas über seine Gefährlichkeit ausgesagt wird. Doch dies kollidiert vollends mit der Realität. Das Ergebnis des Gutachtens von Feddersen-Petersen war glasklar: "Die ersten Auswertungen weisen den kleinen, stämmigen Staffordshire Bullterrier als einen exzellenten Familienhund aus. Es soll nicht unerwähnt bleiben, dass die entsprechenden Besitzer besonders kenntnisreich und zuverlässig waren." Von einer erhöhten Gefährlichkeit weit und breit nichts. Wie es am Schluss des Gutachtens heisst: "Der Staffordshire Bullterrier zeigte – so sei pauschalisierend geantwortet – keinerlei Belege dafür, dass er als unwiderlegbar gefährlich einzustufen wäre. Diese Pauschalisierung mutet vielmehr abenteuerlich falsch an."

Stereotypen nicht nur bei Kampfhunden

Man kann es drehen und wenden wie man will: "Kampfhund" und die etwas milderen Bezeichnungen wie "gefährliche Hunde" sind Stereotypen, Pauschalisierungen, Typisierungen, wie es sie im täglichen Sprachgebrauch tonnenweise gibt. Ähnliche Bezeichnungen finden sich kaum erstaunlicherweise in ganz anderen gesellschaftlichen Bereichen, wo Menschen, Tiere oder Sachverhalte kategorisiert werden sollen, bestückt oft mit negativen Eigenschaften.

Schauen wir uns dazu nur ein Beispiel an, den Wahlkampf in der Schweiz vom Herbst 2007, der mit einer Härte geführt wurde, wie es hierzulande völlig neu war. Eine zentrale Rolle spielte dabei die Ausländerthematik. Die SVP positionierte sich als Partei, die rigoros gegen delinquente Ausländer vorgeht und brachte dies mit jenem bekannten Sujet zum Ausdruck, bei dem eine Gruppe weisser Schafe ein schwarzes Schaf von der Schweizer Fahne kickt. Die Kommission gegen Rassismus liess dazu eine Studie erstellen. In der NZZ vom 19. Dezember 2007 wurden die Resultate vorgestellt. Der Artikel beginnt gleich mit einer Einschätzung des berühmten Soziologen Kurt Imhof: "Kein Wahlkampf sei inhaltsloser gewesen (…)." Inhaltslos, die Parallele zur Hundedebatte springt einem munter ins Gesicht – genau so wie der Begriff "Kampfhund" wenig

Inhalt hat, so hat auch die Fokussierung auf die vage Kategorie "Ausländer" wenig Inhalt.

Die Studie untersuchte viele Beiträge aus den Medien und deren Aussagekraft bezüglich der Ausländerthematik im Wahlkampf. Dabei kam sie zum Schluss, wie es im Artikel der NZZ weiter heisst: "78 Prozent dieser Aussagen schufen Distanz, vor allem durch Charakterisierung der Betroffenen als kriminell." Die Ausländer wurden also als kriminell dargestellt. Auch hier die Parallele: Vage Kategorie (Ausländer / Kampfhunde) mit negativer Konnotation (kriminell / aggressiv). Natürlich reagieren die Leute auf solche Typisierungen. Kurt Imhof wird im Artikel der NZZ dazu weiter zitiert: "Eine Wirkung zeigt sich laut Imhof (…) in einer verschobenen Wahrnehmung, etwa darin, dass die Sicherheit im kürzlich publizierten "Sorgenbarometer" stark an Gewicht gewonnen hat, ohne dass es von den Fakten her Grundlagen dafür gäbe." Anders gesagt: Die Ängste der Leute lassen sich nicht aus den harten, statistischen Fakten heraus ableiten. Und wieder die Parallele zur Hundedebatte: Die Leute fürchten sich vor Kampfhunden oder Hunden generell, obwohl aus den Statistiken ablesbar ist, dass diese nur eine äusserst marginale Gefährdung der öffentlichen Sicherheit darstellen.

Ein anderes schönes Beispiel dafür, wie unscharfe Begriffe beliebig gebraucht werden, fand sich in einer Zürcher Lokalzeitung vom 13. Februar 2008. Unter dem Titel "Trotz Aufschwung arm geblieben" wurde ein Artikel über die Zahlen des Bundesamtes für Statistik zur Armut in der Schweiz präsentiert. Die Statistiker haben natürlich schon eine genaue Definition von Armut auf Lager. Nur nützt das wenig, wenn genau diese Definition mit keinem Wort erwähnt wird. Im Artikel wird immerzu von Armen und Armut gesprochen. Schon im Lead heisst es: "Die Zahl der Armen war 2006 so gross wie im Jahr 2000." Im Text wird dann des langen und breiten beschrieben, wie viele Arme es geben soll, wie sich die Anzahl der Armen verändert hat, welche sozialen Gruppen mehr oder weniger von Armut betroffen waren usw. Da findet man dann Sätze wie: "2006 war jede 11. Person im Alter zwischen 20 und 59 Jahren von Armut betroffen." Oder: "Die Armutsquote liegt somit auf praktisch gleichem Niveau wie im Jahr 2000."

Nur eines wird in dem Artikel an keiner Stelle erwähnt: Was versteht man unter einem Armen oder Armut? Ist das einer, der Hunger leiden muss? Einer, der in zerrissenen Kleidern herumgeht? Oder einer, der einfach nichts verdient? Wird mit dem Begriff "Armut" operiert, so löst dies beim Leser ganz bestimmte Gefühle und Konnotationen aus, ohne dass er weiss, was mit dem Begriff eigentlich gemeint ist. Das kann leicht zu einem falschen Bild führen: Wer den Artikel ohne Kontextwissen lesen würde, der glaubte wahrscheinlich, in der Schweiz wimmle es von Leuten in Lumpen und ohne Schuhe, die am Strassenrand betteln müssen. Die Analogie mit der Kampfhunde-Debatte sticht ins Auge: Hier der unscharfe, nicht klar definierte Begriff "Armut" bzw. "Kampfhund" – dort die Gefühle und vagen Bilder, die durch die Begriffe ausgelöst werden. So werden Begriffe in der öffentlichen Debatte etabliert, von denen viele nicht genau wissen, was sie bedeuten, die aber dazu angetan sind, Gefühle zu schüren.

Sündenböcke braucht das Land

Frage ist natürlich: Wieso fährt die öffentliche Wahrnehmung in der Hundedebatte auf ein so vages Konstrukt wie den Begriff "Kampfhund" ab? Was ist so reizvoll an solchen Begriffen?

Einfache Erklärungen – komplexe Fakten

Ein Grund liegt auf der Hand. Es ist einfach der Drang nach simplen Erklärungsmustern. Offensichtlich ist gerade in einer hochkomplexen Welt wie der unseren der Drang gross, geradezu unwiderstehlich, Ursachen für Phänomene – obendrein noch bedrohliche – klar benennen zu wollen, auch wenn diese Ursachen gar nicht so klar benennbar sind, weil ihre Komplexität einfach zu gross ist. So ist es auch bei den Kampfhunden. Beisst irgendwo ein Pitbull, so stellt man den Vorfall sofort in den Erklärungskontext der Kampfhundedebatte nach dem Schema: Kampfhunde gleich beissende Hunde – einer Einfachstformel folgend, der wiederum der irrige Glaube zugrunde liegt, das Gefährdungspotential eines Hundes liesse sich an der Rasse festmachen, wobei die Kampfhunde einfach die bösen Rassen sind, während der ganze Rest unter "unbedenklich" läuft. Beissunfälle, die nicht in dieses Muster passen, etwa weil eine andere Rasse involviert ist, werden verdrängt oder einfach als unausweichlich hingenommen. Kein Wunder, liest man in den Medien ständig über beissende Pitbulls, obwohl sie nur einen verschwindend kleinen Teil aller Beissunfälle ausmachen. Faktum ist, dass Beissunfälle eine äusserst komplexe Ursachentypologie haben, oftmals auch schlicht nicht erklärbar sind.

Das scheint schwer akzeptierbar in einer Gesellschaft, die uns im Glauben lässt, alles beherrschen und beurteilen zu können. Gefahren, die nicht auf eine erklärbare Ursache rückführbar sind, wirken da umso bedrohlicher. Zudem leben wir in einer Zeit gefühlter Unsicherheit und Instabilität, wo kleine Problematiken wie Hundebisse noch hysterisierend aufgebauscht werden. Das Bedürfnis nach simplen Erklärungsmustern für reale oder auch nur imaginäre Gefahren hat also Konjunktur. Deshalb entspricht es ganz einem weit verbreiteten Hang nach einfachen Erklärungen, wenn sich alle Unwägbarkeiten, die von Hunden ausgehen, auf ein paar Bösewichte reduzieren lassen: die Kampfhunde.

Der Mechanismus an sich scheint universal zu sein. Wie rasch die Stimmungslage in der Öffentlichkeit gerade im Eindruck von grossen Unsicherheiten in eine problematische Richtung kippen kann, zeigte sich ab Herbst 2008, als die Finanzkrise mit voller Wucht auf die Wirtschaft einzuprügeln begann. Zum Jahreswechsel 2008 / 2009 explodierte zu aller Unbill noch der Nahostkonflikt, als die Israelis in Gaza intervenieren mussten. Und schon war die Zeit wieder reif für ein Phänomen, das man sich eigentlich für immer und ewig überwunden wünscht: Den Antisemitismus. Die NZZ hat die Problematik in einem Artikel vom 29. Januar 2009 realistisch eingeschätzt: "Die Zeit scheint wie geschaffen für jene fatalen politischen Vereinfachungen, die stets zulasten von Minderheiten gehen. Noch hat die Wirtschaftskrise keine Massenarbeitslosigkeit gefordert, doch die Suche nach Sündenböcken hat bereits begonnen. Der Hohn etwa, mit dem derzeit Banker überschüttet werden, hat hie und da auch etwas Antisemitisches. Vor allem in Radiosendungen mit Zuhörerbeteiligung kommt dies mitunter zum Ausdruck. Juden hätten im Bankwesen seit Jahrhunderten eine starke Stellung, heisst es da (...)."

Man kann daraus eine Formel ablesen. Und die lautet so: Es ist oft eine gewisse Denkfaulheit und Aversion gegenüber der Aufarbeitung komplexer, verwirrender Fakten, die vereinfachende Erklärungsmuster so verlockend macht. Ein solcher Hang zur Vereinfachung öffnet schnell das Tor zum alten Mechanismus des Sündenbock-Musters.

Sündenböcke stärken den Zusammenhalt

Sündenböcke haben eine wichtige gesellschaftliche Funktion. Der Mechanismus ist immer der gleiche – nicht nur in der Kampfhunde-Debatte. Tatsächlich werden auserkorene Bösewichte immer wieder herangezogen, um die Kohärenz der Gesellschaft zu stärken. Der französische Philosoph René Girard hat sich mit der Frage befasst, wieso Gesellschaften immer wieder einen Hang entwickeln, innere Krisen durch die Definition von Sündenböcken zu überwinden. In einem seiner bekanntesten Bücher, "La violence et le sacrée" steht der Satz: "Les hommes ne sont jamais capables de se réconcilier qu'aux dépens d'un tiers." (S. 386) Zu Deutsch etwa: Die Menschen sind nie fähig sich auszusöhnen, es sei denn auf Kosten eines anderen.

Der gleiche Mechanismus ist fast immer am Werk und fast überall. Im Vorwort zu seinem Buch "Brauchen wir einen Sündenbock?" beschreibt Raymund Schwager, wie die Feindschaft gegenüber der

Sowjetunion den Zusammenhalt des Westens gestützt hat: "Die Polarisierung auf den "bösen" Osten habe auch für den Westen ein stabilisierendes Element. Grosse Probleme würden zu erwarten sein, wenn dieser Gegensatz einmal wegfallen werde." Wir wissen, wie's kam: Der Zusammenbruch des Kommunismus führte auch zu einer Belastungsprobe des westlichen Lagers, mit der kommunistischen Drohung im Rücken wäre wohl auch das Zerwürfnis zwischen den USA und weiten Teilen des "alten Europa" undenkbar, wie es im Vorfeld des Irak-Krieges aufgeklafft ist.

Überhaupt kann sich der Sündenbock-Mechanismus nie über mangelnde Aktualität beklagen: "Die Medien haben die Funktion – und sie übernehmen sie auch bereitwillig – gewisse Feindbilder und Szenarien zu schüren, die nach Innen solidarisieren und nach aussen abgrenzen." Dies sagt ein Herr namens Jamal Malik. Er sagt es in einem Interview mit dem "Tagesanzeiger" vom 8. Dezember 2007. Und er sagt es nicht im Zusammenhang mit Kampfhunden. Nein, er sagt es im Zusammenhang mit der Islamdebatte, wie sie in der westlichen Welt gegenwärtig mit Intensität geführt wird. Wie man leicht sieht, spielt derselbe Mechanismus überall – ob bei Kampfhunden oder anderen Sündenböcken.

Die Geburt des Sündenbocks – Teil eins

Dass man sich auf die Kampfhunde eingeschossen hat, braucht vor diesem Hintergrund gar nicht mehr zu überraschen. Man versucht einfach, eine Kategorie von Kreaturen zu definieren und brandmarkt ihr Verhalten als moralisch minderwertig, verwerflich. Meistens schiebt man ihnen gleich die Schuld für ein Problem in die Schuhe oder dem, was man dafür hält – in unserem Fall dem Problem von Beissunfällen, das man für riesig hält (obwohl es marginal ist) und das man alleine den Kampfhunde-Haltern aufbürden will (obwohl es komplexe Ursachen hat). Damit die Sündenböcke auch fassbar werden, schreibt man einen Katalog von Eigenschaften, mit denen sich die Schuld der Bösewichte ursächlich mit der bestehenden Problematik verquicken lässt. Verschiedenes bietet sich im Beispiel der Kampfhunde an: Die gewalttätige Vergangenheit, ihre angeblich genetisch bedingte Aggression, ihre vermeintlich kriminellen Halter und so weiter – stimmen muss von alledem nichts, oft sind es Halbwahrheiten, denn es handelt sich nur um ein mentales Konzept zur Ausgrenzung, das auch fernab der Realität ganz gut funktioniert.

Wie abstrus ein solcher Mechanismus wirken kann, mussten all jene schmerzhaft erfahren, die wohl schon genug darunter leiden, dass sie ein paar Kilos zu viel auf den Rippen durch das Leben tragen. Nicht nur wird ihnen ein kurzes Leben prognostiziert, womöglich noch mit einem unwürdigen Abgang infolge Herzverfettung – nein, plötzlich sollen die Dicken auch noch für die Explosion der Lebensmittelpreise verantwortlich sein. Der hohe Kalorienkonsum der Übergewichtigen treibe die Nachfrage nach Nahrungsmitteln in die Höhe und trage so zu höheren Lebensmittelpreisen bei, was wiederum die Armen hungern lässt, wurde verschiedentlich ein bizarrer Zusammenhang konstruiert. Skurril, gewiss, doch der Mechanismus ist weit verbreitet. Der Arzt Jürg Kuoni schreibt: "So kommen denn, unter dem Etikett Prävention, "Sozialschädlinge" dran. Solche sind leicht zu identifizieren: die Raucher, klar. Auch die "Dicken" sind als "Falschesser" bereits im Fokus der Gesundheitsförderer. "Präventiv" werden geschmacklose Plakate finanziert, die sie marginalisieren. Der Schritt zu den schwarzen Schafen ist nicht mehr so weit. Dabei wissen wir über die Entstehung der sogenannten "Fettsucht" sehr wenig. Dennoch wird Dicksein mit dem Epitheton "Sucht" belegt und damit stigmatisiert." (Der externe Standpunkt in der "NZZ am Sonntag" vom 17. August 2008)

In der Kampfhunde-Diskussion kommt noch eine Besonderheit dazu, die das Zuschreiben von Schuld erleichtert. Tragisch-spektakuläre Unfälle mit Hunden wie der Tod von Volkan (Hamburg) oder Süleyman (Oberglatt) haben die Wahrnehmung stark geprägt. Diese Einzelfälle wurden aber in der breiten Öffentlichkeit nicht als Unfälle wahrgenommen. Das dubiose Umfeld der Halter und die beteiligten Rassen (Pitbulls) gaben den Ereignissen im Verständnis der Masse vielmehr den Charakter krimineller Taten mit einem gewissen Element an Eventualvorsätzlichkeit. Das Verschulden der Halter erschien sehr gross, sie hätten den Tod von unschuldigen Kindern in Kauf genommen. Natürlich ist diese Wahrnehmung nicht wirklich differenziert. Denn die allermeisten Halter so genannter Kampfhunde sind durchaus verantwortungsvoll und seriös. Aber diese Einzelfälle konnten eben leicht verallgemeinert werden. So erhielt das klassische Sündenbock-Muster enormen Auftrieb.

Auf den Punkt gebracht: Ob Fette, Raucher oder Kampfhunde und deren Besitzer. Es geht darum, das Verhalten von jemandem als verwerflich abzukanzeln und ihm dabei gleich noch die Schuld für ein Problem unterzujubeln. Es ist die Geburt eines Sündenbocks, Teil eins.

Die Geburt des Sündenbocks – Teil zwei

Das Beispiel der Übergewichtigen zeigt noch etwas anderes. Dicke gelten für gewöhnlich nicht als ästhetische Glanzlichter – ein Umstand, der sie umso mehr prädestiniert für die Sündenbockrolle. Dicke kann man erkennen, man sieht sie, sie heben sich ab schon ganz einfach wegen ihrer Körperfülle. Man kann sich deshalb von ihnen abgrenzen. Die Erkennbarkeit der Dicken wurde sogar in eine mathematische Formel gegossen, damit man den Zeigefinger auch ja zielgenau auf die Schuldigen ausstrecken kann: Den bekannten Body-Mass-Index, kurz BMI, dem Körpergewicht geteilt durch die Grösse im Quadrat. Natürlich ist das eigentlich eine Ungereimtheit. Der BMI ist eher dazu geeignet, eine ganze Population punkto Fettleibigkeit zu untersuchen, weniger ein Individuum. So weisen auch Sportler oft einen ungünstigen BMI auf, weil sie mehr Muskelmasse haben. Dennoch würde sie niemand als fettleibig bezeichnen. Aber wen kümmert das, wenn man doch mit dem BMI so schön auf die Dicken zeigen kann.

James Hamilton-Paterson hat die Perversion des Dicken-Bashing erkannt und schreibt mit brennend kritischer Ironie: "Mit dem BMI haben wir ein offizielles, medizinisch anerkanntes Mittel, um Fettsäcke zu erkennen und zu benennen, damit sie sich elend fühlen und für ihren schwachen Willen schämen und wir sie piesacken können mit Geschichten von schrecklichen Krankheiten und dem baldigen Tod, der sie erwartet. Ausserdem müssen sie ab jetzt zusätzlich mit dem Wissen leben, dass sie die Armen dieser Welt noch hungriger und überhaupt den ganzen Planeten kaputtmachen. (...) Besonders zuwider ist mir, wie ekelhaft heuchlerisch diese modische Form der Diskriminierung ist (...)." (Übersetzung aus dem Englischen in der "Weltwoche" vom 26. Juni 2008).

Wir sehen: Ganz wichtig bei der Ausgrenzung ist das äussere Erscheinungsbild der angeblich Schuldigen. Man soll sie sehen können, die Bösen. Derselbe Mechanismus wirkt auch in der Kampfhunde-Debatte. Was der BMI bei den Dicken – ist die Rassenzugehörigkeit bei den Kampfhunden.

Vielleicht geht die Sache bei den Kampfhunden noch eine Spur tiefer. Denn Kampfhunde werden ja als Bedrohung empfunden. Wir haben gesehen, dass der Begriff "Kampfhund" eng assoziiert wird mit ein paar Rassen. Dem liegt wahrscheinlich die irrige Annahme zugrunde, dass dem homogenen Erscheinungsbild einer Rasse auch ein homogenes Charakterbild entsprechen müsse. Stellen wir jetzt eine Hypothese auf: Da eine Rasse ein charakteristisches visuelles Erscheinungsbild aufweist, suggeriert die Zuordnung von Gefährlichkeit zu bestimmten Rassen immer auch, man könne nun gute Hunde aufgrund optischer, rassetypischer Merkmale von bösen Hunden unterscheiden. Böse Hunde könne man also sehen. Ein solches Raster gibt Halt, auch wenn es natürlich nichts mit der Realität zu tun hat, denn die Gefährlichkeit eines Hundes steht bekanntlich in keinem Zusammenhang mit der Rasse. Es ist einfach beruhigend (im jedoch irrigen) Glauben zu leben, man könne gefährliche Hunde jederzeit schon von weitem am typischen Erscheinungsbild der Rasse erkennen und wisse dann zumindest, wenn es gilt, in Deckung zu gehen.

Auf jeden Fall sollen die vermeintlich Bösen erkennbar sein, schon Äusserlich. Wie so eine visuelle Fixierung in der Praxis aussehen kann, erfuhr ich eindrücklich an einem Beispiel. Ein Mann, mit dem ich beim Checken meiner E-Mails zufällig in einem Internet-Kaffee ins Gespräch kam, erzählte mir von einem Fall in Frankreich, wobei ein American Staffordshire Terrier ein kleines Kind ins Gesicht gebissen hatte. Ich sagte ihm: Das ist natürlich bedauerlich. Aber es ist nur ein Fall. Kennen Sie alle anderen Fälle, bei denen irgendwelche Hunde Leute verletzt oder sogar getötet haben? Und wissen Sie, um welche Rassen es sich bei diesen Fällen handelte? Natürlich wusste er das nicht. Konnte er auch nicht wissen, denn die Medien berichten ja vorzugsweise über Beissunfälle mit den einschlägigen Rassen. Ich sagte ihm dann noch, dass es keine wissenschaftliche Evidenz dafür gebe, dass zwischen Aggression und Rassezugehörigkeit eine Korrelation bestehe. Auch zitierte ich ihm aus Statistiken, die zeigen, dass die stigmatisierten Rassen nur einen kleinen Teil aller Beissunfälle ausmachen. Ich merkte sogleich, dass der Mann materiell nichts zu entgegnen hatte. Dennoch hinderte ihn ein innerer Widerstand, dies zu glauben. Er rief dann im Internet Fotos von Kampfhunden auf und sagte: Schauen Sie doch hin, diese Hunde können nur böse sein. Die Leute bilden sich also ihr Urteil aufgrund von Bildern, die sie auch schon mal beliebig aus dem Internet nehmen. Sie nehmen nur die Physiognomie wahr – und glauben schon urteilen zu können.

Ist eine Rasse erst mal mit dem Kainsmal versehen, hat sie praktisch keine Chance mehr, als freundlich wahrgenommen zu werden – da kann sie sich noch so anstrengen, die Wahrnehmung ist vorgespurt. Auf diesen Zusammenhang zwischen Stigmatisierung und negativer Wahrnehmung einer Rasse verweist Tanja Große Lefert in ihrer Dissertation "Analyse von Beisszwischenfällen in Berlin anhand ihrer Widerspiegelung in der Presse". Sie schreibt: "Die Einstellung der Bevölkerung gegenüber einzelnen Hunderassen und die Einschätzung verschiedener Verhaltensweisen dieser Hunde vor dem Hintergrund der Diskussion und der Berichterstattung zu dieser Thematik macht eine 1999 durchgeführte Untersuchung von T. Nordhaus deutlich. In dieser Untersuchung wurde anhand von Bildern, die Hunde ausgewählter Rassen in freundlicher, ängstlicher und aggressiver Stimmung wiedergaben, an Testpersonen ermittelt, ob oder wie gut die Teilnehmer in der Lage waren, die unterschiedlichen Gemütszustände anhand der ihnen gezeigten Bilder zu identifizieren. Dabei stellte sich heraus, dass die Befragten bei Hunderassen, die ein äusserst positiv geprägtes Image besitzen (Collie, Golden Retriever), zu einem hohen Prozentsatz die aggressive Haltung des Hundes nicht erkannten, ja sogar oft als freundlich interpretierten (Golden Retriever 69,4%). Weiterhin ergab die Untersuchung, dass sogar die freundliche Stimmung einer allgemein als gefährlich beziehungsweise aggressiv geltenden Hunderasse als aggressiv eingeschätzt wurde (Rottweiler 40% der Befragten)." (S. 40)

Auf den Punkt gebracht: Was man sieht, ist ein Teufelskreis. Eine Rasse wird stigmatisiert. Weil sie stigmatisiert ist, wird sie noch negativer wahrgenommen und deshalb noch mehr stigmatisiert. Es ist die Geburt eines Sündenbocks, Teil zwei.

Die Geburt des Sündenbocks – Teil drei

Fast immer, wenn ein Sündenbock am Entstehen ist, werden seine diabolischen Fähigkeiten übersetzt dargestellt – es sind sozusagen die Geburtswehen eines Geächteten. Dem entsprechen Presseberichte, die Kampfhunden geradezu überirdische Kräfte andichten. Manchmal klingen solche Übertreibungen so abstrus, dass man sich als Leser mit minimalem kritischen Verstand fast gelackmeiert vorkommen muss. Petra Dreßler schreibt: "Die Gerüchteküche brodelt: man spekuliert über angebliche Kiefermechanismen, die das Auslassen unmöglich machen, in einer Frauenzeitschrift wird gar behauptet, ein Pitbull habe 82 Zähne." (S. 45) Geradezu skurril wirkt ein Zitat, das Dreßler einem Zeitungsartikel aus dem Jahre

1996 entnommen hat: "Die als "Kampfmaschinen" gezüchteten Vierbeiner waren in ihrer Angriffslust weder durch Pistolenkugeln noch mit einer Salve aus einer Maschinenpistole zu stoppen – ganz davon abgesehen, dass dabei auch Menschen gefährdet werden können. Daher hat sich das SEK Schrottflinten beschafft – die einzige Waffe, die sich bisher als erfolgreich im Einsatz gegen Kampfhunde erwies." (S. 45) Schockierend genug, dass sich die Meinungsbildung in einer solchen Sphäre fernab jeder Realität massgeblich bilden konnte. Im Übrigen konsultiere man seinen Tierarzt. Er wird bestätigen können, dass es keine Hunde mit 82 Zähnen oder einem stählernen Fell gibt, das sogar Gewehrkugeln abweisen kann, nicht mal beim Pitbull, dessen vollständiges Gebiss 42 Zähne umfasst wie bei jedem Hund.

Man kann wohl solche Berichte als blanken Unsinn abtun. Was nicht heissen muss, Sündenböcke seien Unschuldsengel. Vielfach gibt es so etwas wie einen Anfangsverdacht. Bei den Kampfhunden wäre das ihre unrühmliche Rassegeschichte und das Faktum, dass sie immer wieder von Leuten aus einem dubiosen Milieu gehalten werden. Werden die Übertreibungen auf einem solchen Anfangsverdacht aufgebaut, so erscheint das bei oberflächlicher Betrachtung fast plausibel. Wenn beispielsweise behauptet wird, der Pitbull könne mit der Kraft einer Hydraulik-Presse zubeissen, so ist das natürlich Blödsinn. Dennoch klingt es für den Laien aufgrund der Kampfhunde-Vergangenheit ein bisschen plausibel, während man die Aussage bei einem Retriever sofort als abwegig durchschauen würde.

Das Tückische daran: Wird einem Hundelaien eine solche Information einfach vorgeworfen, so neigt er durchaus dazu, sie zu glauben: Da muss was dran sein. Und es bedarf eines zusätzlichen Informationsaufwandes, zumindest eines kritischen Geistes, um zu sehen, dass da eben rein gar nichts dran ist, auch wenn es auf den ersten Blick so scheint. Das Erkennen der Realität wird so zur Holschuld des Medienkonsumenten. Doch wer macht sich diesen

Aufwand? Wer ist genug kritischer Geist? Zumal noch bei einem eher marginalen Thema wie den Kampfhunden.

Auf den Punkt gebracht: Es sind ins Diabolische gesteigerte Übertreibungen, die man einem vermeintlichen Bösewicht zuschreibt. Es ist die Geburt eines Sündenbocks, Teil drei.

Der Sündenbock – die Klimax

In der Presse wird die Wiederkunft eines Sündenbocks unbedarft angekündigt, etwa so wie man dem Kommentar in einer Zürcher Lokalzeitung entnehmen konnte, der im Zusammenhang mit dem Gerichtsurteil gegen einen Pitbullhalter publiziert wurde, dessen Hunde im bekannten Fall von Oberglatt einen Knaben töteten: "Kampfhunde müssen verboten werden. Sie sind gefährlich, sie nützen niemandem, und die Mehrheit will sie nicht." Erkennbar wird die Forderung, die Existenz des als Sündenbock definierten Subjektes in irgendeiner Weise zu beenden, die Welt von ihm reinigen zu wollen. Das ist eine Gesetzmässigkeit in der Stigmatisierung von Kreaturen und passt wie angegossen zu dem, was der Soziologe Martin Morlock so beschreibt: "Das fast immer von Hass begleitete soziale Vorurteil hält sich nicht zuletzt deshalb so hartnäckig, weil es dem Hassenden gestattet, mit dem Gegenstand seines Hasses böse zu verfahren, sich dabei aber – weil doch das Böse ausgerottet werden muss – für gut zu halten. Sogar für besser." (zitiert durch Petra Dreßler in "Medienspektakel um Kampfhunde", S. 155)

Sündenböcke sind zwar Erfindungen eines mit Vorurteilen beladenen Geistes und insofern künstlich konstruierte Gebilde. Doch früher oder später wollen die Erfinder ihre Sündenböcke wieder loswerden. Bis es soweit ist, sollen sie aber leiden. Ungestraft darf man auf sie einhauen, sie als Zielscheibe für eigene Aggressionen missbrauchen und sich dabei erst noch gut, sogar moralisch erhaben fühlen, bis irgendwann die Forderung kommt, die vermeintlich Bösen ganz aus der Welt zu schaffen.

Nebst den Kampfhunden gibt es nur wenige Beispiele in der jüngeren Zeitgeschichte, die in derart exemplarischer Klarheit aufzeigen, wie schrecklich aktiv das Sündenbock-Denken nach wie vor ist, mit welch beiläufiger Selbstverständlichkeit vermeintliche Bösewichte benannt, verfolgt, zerstört werden – und wie opportunistisch staatliche Instanzen in das Geheul der aufgewühlten Meute einstimmen, statt zu beschwichtigen. Alarmsignale gibt es viele: Berichte von unter skurrilen Umständen beschlagnahmten und getöteten Hunden oder Leidensgeschichten von Kampfhunde-Besitzern, die öffentlich angepöbelt werden. All das müsste Anlass zu grösster Sorge geben, umso mehr, wenn man mit Schaudern bedenkt, dass das ewige Sündenbock-Muster nicht nur Hunde – wie in unserem Fall – in seinen Fokus nimmt, sondern auch Gruppen von Menschen: Minderheiten aller Arten, Andersdenkende, Andershandelnde, Andersaussehende, Andersfühlende, Andersgläubige, Woandersherkommende. Sie alle kommen als Sündenböcke in Frage.

Auf den Punkt gebracht: Es ist die Klimax im Leid geplagten Leben des Sündenbocks, sein ruhmloses Verschwinden.

Der typische Sündenbock

Doch nach welchen Kriterien wird der Sündenbock ausgewählt? Welche Eigenschaften hat eine Kreatur, die zum Sündenbock taugen soll? Nehmen wir dazu ein Beispiel: Als im Februar 2008 der deutsche Nachrichtendienst Daten von angeblichen Steuersündern in Lichtenstein sichern konnte, geriet auch die Schweiz mit ihrem liberalen Ansatz in Steuerfragen in den Fokus der deutschen Aufmerksamkeit. Auch in der Schweiz wurden Gelder von angeblichen deutschen Steuerflüchtlingen vermutet. Die "NZZ am Sonntag" vom 9. März 2008 schrieb dazu einen grossen Beitrag, zu dem ein Interview mit Thomas Straubhaar gehörte, dem Schweizer Professor und Leiter des Hamburger Weltwirtschaftsinstitutes. Schauen wir uns nur den Anfang des Interviews an:

NZZ am Sonntag: "Warum attackiert Deutschland so aggressiv das Ausland, statt das eigene System zu überprüfen?"

Thomas Straubhaar: "Es ist einfacher, auswärts Symptomtherapie als zu Hause Ursachenforschung zu betreiben. Das erregt in Wirtschaft und Politik weniger Widerstand."

NZZ am Sonntag: "Geht es vorwiegend um Opportunität?"

Thomas Straubhaar: "Es tut weniger weh, Buhmänner im Ausland zu entlarven. Die Grossverdiener, die Deutschland aus Steuergründen verlassen, geniessen wenig Sympathie in der Bevölkerung. Sie eignen sich als Sündenböcke. Und Attacken gegen andere Staaten lenken von eigenen Schwächen ab."

Deutschland hat also irgendein Problem mit seinem Steuersystem. Deshalb sucht man Sündenböcke und findet sie. Sie haben zwei Eigenschaften. 1) Sie stehen ausserhalb der Gemeinschaft. Deshalb wird das Ausland attackiert, das den deutschen Steuersündern angeblich hilft. 2) Sie geniessen wenig Sympathien, weshalb man schadlos auf sie dreschen kann. Das sind eben die Reichen, die Raffgierigen. Die Analogien mit der Kampfhunde-Debatte sprudeln förmlich hervor. Die stigmatisierten Rassen weisen die genau gleichen Eigenschaften auf wie die Sündenböcke in der Steuerdebatte. 1) Kampfhunde stehen ausserhalb der Gemeinschaft "normaler" Hunde. Es ist nur eine kleine Minderheit, die man nötigenfalls auch rauskicken kann, um sie zum Fremdkörper werden zu lassen. 2) Sie geniessen wenig Sympathien. Auch das trifft auf die Kampfhunde zweifelsohne zu, weshalb sich kaum einer für sie einsetzt und es so einfach ist, auf ihnen herumzuhaken.

Was wir aus dem Beispiel ablesen, ist fast eine Typologie des Sündenbocks: Sie stehen meist abseits der Gesellschaft, und sie können sich schlecht wehren. In der Tat weist René Girard, den wir schon kurz zitiert haben, darauf hin, dass in archaischen Gesellschaften rituelle Opfer nach einem mehr oder wenigen stabilen

Muster ausgesucht werden. (Rituelle Opfer und Sündenböcke ähneln sich. Beide werden als Symbole auserkoren, denen man den Kopf einschlagen darf, um sich daraus einen emotionalen Gewinn zu verschaffen.) Girard schreibt: "Entre la communauté et les victimes rituelles, un certain type de rapport social est absent." (S. 26) Was man etwa so übersetzen könnte: Zwischen der Gemeinschaft und den rituellen Opfern ist eine gewisse Art der sozialen Beziehung absent. Die Analogie fällt auf. Es ist wieder dieses Abseitsstehen.

Diese Marginalität führt dazu, dass die realen Erfahrungen mit so genannten Kampfhunden fehlen, was seinerseits die Stigmatisierung nährt. Denn gerade solche realen Erfahrungen könnten bestehende Vorurteile abbauen. Dieses Problem ergibt sich auch bei vielen anderen Gruppen in unserer Gesellschaft, die immer wieder stereotyp dargestellt werden, beispielsweise Ausländer. Ein Freund von mir ist halb Türke, halb Italiener. Als er zur Schule ging, gab es noch keine Fördermassnahmen zur Integration von Ausländern. Deshalb musste er sich selbst zu helfen wissen. Was tat er? Genau. Er half sich selbst. Er sorgte dafür, dass seine Kollegen positive Erfahrungen mit ihm machen konnten. Er ging zu den Kollegen nach Hause zum Essen, wo er auch deren Eltern kennen lernte. Dann lud er sie zu einem Gegenbesuch bei sich zu Hause ein. All das bewirkte einen Austausch mit realen Erfahrungen. "Die Vorurteile verschwanden meist sofort", bestätigte mir der Freund.

Genau solche realen Erfahrungen im Umgang mit Kampfhunden fehlen, schon nur, weil es so wenige gibt. Und wenn dann mal einer auf der Strasse gesichtet wird, fürchten sich die Leute so sehr, dass sie einer näheren Begegnung aus dem Weg gehen. Ausserdem meiden mittlerweile viele Besitzer stigmatisierter Rassen frequentierte Orte für den Spaziergang, gehen lieber irgendwo in den tiefsten Wald, wo sie niemanden antreffen. Sie fürchten sich vor Repressionen. Schon im Januar 2001 schrieb ich einen Artikel in einer Lokalzeitung über die Erfahrungen einer Rottweiler-Besitzerin. Sie sprach von Anpöbelungen. Sie erzählte von einer

Kollegin, bei der ein Mann schon einen Stock aufgezogen habe. Und sie erwähnte Anfeindungen wie: "Gehen sie mir bloss aus dem Weg mit diesen Kampfhunden!" Bei einem solch aggressiven Umfeld sind Begegnungen schwierig. Je schlechter der Ruf, je weniger Möglichkeiten ergeben sich für positive Auftritte in der Öffentlichkeit, desto schwieriger wird es, den Ruf zu verbessern – auch hier ein Teufelskreis.

7

Medien und Politik

Der dritte Aspekt in der aktuellen Kampfhunde-Debatte ist die Rolle von Medien und Politik. Medienschaffende haben zwar die Überemotionalisierung der Thematik nicht ursächlich auslösen können, sie sind dennoch wichtige Akteure, die eher Öl ins Feuer werfen statt fachlich zu informieren und zu beschwichtigen, während sich Politiker in einer Empörungswelle mit treiben lassen.

Fokus auf den Pitbull und Co.

Die Medien haben sich schon immer für Hundeunfälle interessiert. Karen Delise schreibt in "The Pit Bull Placebo": "Schlimme Hundeattacken auf Menschen wurden schon immer in den Nachrichten gebracht, da sie auf beides, Interesse und Bestürzung, bei vielen Leuten zu stossen scheinen. Gebrechen, Krankheiten und Unfälle ohne Bezug zu Tieren verursachen täglich tausende Tote, von denen viele in den Medien nie erwähnt werden. Tödliche Hundeattacken jedoch haben die Aufmerksamkeit der Medien schon immer erlangt, trotz – oder vielleicht wegen – ihrer Seltenheit." (S. 1)

Schlimme Hundeunfälle scheinen also ein explosives mediales Gemisch zu ergeben, das aus zwei Zutaten besteht. 1) Sie sind sehr selten und schon deshalb gesetzte Themen in der Berichterstattung. Natürlich berichtet man nicht über den 100. Verkehrstoten im Jahr. Aber man berichtet über den ersten Vorfall mit einem Pitbull seit 10 Jahren... sogar wenn er ohne Todesfolge bleibt und nur einen Kratzer verursacht. 2) Schlimme Hundeunfälle sprechen die Gefühle der Menschen an. Vielleicht ist es eine archetypische Angst vor der Wildnis, vor dem Unberechenbaren, Unbeeinflussbaren. Es ginge zu weit, das hier psychologisch zu analysieren. Beides zusammen – Seltenheit und Gefühl – scheinen Hundeunfälle zu einem unwiderstehlichen Thema für die Medien zu machen. So stehen wir vor der absurden Situation, dass Hundeunfälle in den Medien gerade deshalb so grosse Beachtung finden, weil sie im Vergleich zu anderen Gefahren so verschwindend unbedeutend sind. Es gilt die Formel: Weniger ist mehr. Oder: Je weniger ein Ereignis vorkommt, desto mehr stürzt sich das mediale Interesse darauf, wenn es denn einmal vorkommt.

Die Medien sind vernarrt in den Pitbull

Jünger in der Berichterstattung ist indessen der Fokus auf die Rasse der beteiligten Hunde. Tanja Große Lefert hat in ihrer Dissertation 465 Zeitungsartikel aus der Berliner Presse analysiert zum Themenkreis Beissunfälle und gefährliche Hunde. Unter anderem zählte sie die Nennung von spezifischen Rassen. Das Ergebnis erstaunt kaum: Der Pitbull wurde mit 55 Mal am meisten genannt. Zählt man dazu zusätzlich die Bezeichnungen "Pitbull-Kampfhund" (1 Nennung), "Pitbull-Mischling" (6 Nennungen), "Pitbull-Terrier" (6 Nennungen) und "American Staffordshire Terrier" (10 Nennungen), so kann man sagen: Pitbull und Verwandte wurden 78 Mal genannt. "Schäferhund", "Schäfer-ähnlicher Hund" und "Schäfer-Mischlinge" wurden dagegen nur 20 Mal genannt. Ebenfalls 78 Mal erwähnt wurde der Begriff "Kampfhund". (S. 64) Was wir vermutet haben, schlägt sich hier in Zahlen nieder: Der Fokus liegt auf dem Begriff "Kampfhund", wobei der Pitbull als archetypischer Repräsentant davon am meisten genannt wird. Wie Große Lefert schreibt: "An erster Stelle bei den Rassennennungen steht der Pitbull mit deutlichem Abstand zu Dobermann und (American) Staffordshire Terrier, gefolgt von Schäferhund, Rottweiler und "Kampfhunden". Es wird deutlich, dass diese allgemein als "Kampfhunde" oder gefährliche Hunde bezeichnenden Rassen sehr viel häufiger Erwähnung finden, als es die offizielle Beissstatistik erwarten liesse." (S. 114)

Karen Delise analysiert in ihrem Buch "The Pit Bull Placebo" viele Medienberichte zu Beissunfällen. Dabei kam sie zu einem erstaunlichen Befund: "Fast bei der Hälfte aller tödlichen Hundeattacken, über die zwischen 1850 bis 1899 berichtet wurde, wird überhaupt keine Rasse identifiziert, vielmehr werden die Hunde über ihr Verhalten beschrieben." (S. 47) Oftmals sind Hunde in der Berichterstattung des 19. und frühen 20. Jahrhunderts sogar mit Attributen umschrieben, die sich mehr auf den "Seelenzustand" der Tiere beziehen. Delise erwähnt zum Beispiel folgende Beschreibungen: eifersüchtig, verräterisch, einsam, niedergeschlagen, wütend, frustriert, zornig. Aber auch: brav, heroisch, nobel. Man könnte das als lächerlich abtun. Wahrscheinlich stecken dahinter Projektionen des menschlichen Seelenlebens auf den Hund. Dennoch schienen die Journalisten damals eines verstanden zu haben, was in der heutigen Berichterstattung über Hundeunfälle untergeht: Dass nämlich Hunde hochsensible, empfindsame Wesen sind. Kurzum: Sie verstanden oder erahnten die Komplexität des hündischen Verhaltens, woraus natürlicherweise ein Verständnis dafür resultiert, dass auch Unfälle mit Hundebeteiligung äusserst komplexe Angelegenheiten sind. Delise schreibt: "Dieser augenscheinliche Wunsch, die Gründe und Folgen von Hundeattacken zu verstehen, führte dazu, dass die Medien Details über Hundeattacken enthüllten, die man in den moderneren, sterilen Berichten nicht mehr sieht." (S. 58)

Heute tauchen die tief greifenden Ursachen, die zu einer Attacke führen, weniger in der Berichterstattung auf. Hundeunfälle werden als Schicksalsschläge gedeutet, die aus heiterem Himmel zuschlagen. Klar, ist das dazu angetan, die Angst zu steigern. Eine Gefahr, die unvermittelt aus dem Dunkel an jedem Ort zuschlagen kann, erscheint viel Furcht erregender als eine Gefahr, deren Ursachen man beschreiben und einschätzen kann. Die Tendenz, dass Hundeunfälle als unerklärliche Schläge dargestellt werden, die plötzlich ohne Vorwarnung eintreffen, hat auch Petra Dreßler in ihrer Arbeit

"Medienspektakel um Kampfhunde" entdeckt. Sie schreibt: "Natürlich ist von Journalisten nicht zu verlangen, dass sie anhand von Wissen über aggressives Verhalten von Hunden versuchen, den Grund des Hundes für den Angriff zu entschlüsseln. Schlechte Recherche aber, wie beispielsweise im Fall Niebeden bei Nauen (28.5.98), wo der 5-jährige Oliver von Pascha ins Gesicht gebissen wurde, führt zu dem Eindruck, dass Hunde unberechenbar wären, "wahllos" zubeissen." (S. 134)

Den Wendepunkt hin zu einer auf die Rasse zentrierten Berichterstattung macht Delise in den 1980er Jahren in Amerika aus: "Um 1980 herum verschwinden die Ereignisse, die zu einem Hundebiss führen, praktisch aus den Zeitungsberichten. (…) Es war das grosse Unglück des Pitbulls, der neue "Modehund" [speziell in gewissen, schlechten Milieus, Anmerkung Autor] zu sein und so auch in Attacken verwickelt zu werden genau in jener Zeit, als die Medien aufhörten, über Auslöser oder Ereignisse zu berichten, die einer Attacke vorangingen." (S. 141) Der Fokus lag jetzt auf der Rasse, vor allem dem Pitbull, die Umstände einer Attacke wurden sekundär.

Die Fixierung auf den Pitbull generiert mitunter absurde Situationen. Die Animal Farm Foundation, eine Organisation die das Bild dieser Rasse in der Öffentlichkeit berichtigen möchte, schreibt von einem spannenden Fall aus den USA. Ein Mann wurde von einem Hund schwer ins Bein gebissen. Er rief die Lokalzeitung an und fragte, ob das nicht eine Geschichte wäre. Nein – beschied man ihm. Vernünftig – könnte man kommentieren. Hundebisse kommen halt vor, man kann ja auch nicht über jeden Sturz eines Fahrradfahrers berichten. So weit so gut. Nur so aus Neugier rief der Mann ein paar Tage später wieder beim Lokalblatt an. Er erzählte nochmals die gleiche Geschichte – mit einer Nuance allerdings: Er sagte, der Hund, der ihn biss, sei ein Pitbull gewesen, was nicht stimmte. Doch die Journalisten bissen sofort an. Schliesslich berichteten drei Fernsehstationen und vier Zeitungen über den Vorfall. Man sieht ganz klar: Spannend für die Medien scheint nicht das Ereignis an sich zu sein. Der Vorfall wurde ja zuerst als Nichtigkeit abgetan, der Berichterstattung unwürdig – spannend wurde es erst, als der Akteur in Form eines Pitbull ins Spiel kam.

Protagonisten vor Fakten

Medien können also vernarrt sein in gewisse Akteure. Sie haben dann eine Neigung, über Ereignisse vermehrt zu berichten, nur weil ein solcher Akteur beteiligt ist, was sich so weit steigern kann, dass über etwas völlig Banales berichtet wird aus dem einzigen Grund, weil ein solcher "Lieblingsakteur" involviert ist. Schauen wir uns ein paar Beispiele aus ganz anderen Bereichen an, die zeigen, wie einzelne Akteure stärker gewichtet werden als thematische Substanz. Ein Artikel aus dem UNI-Magazin vom September 2007 beschäftigt sich mit einer Analyse der Abstimmung über das neue Schweizer Asylgesetzt. Darin steht zu lesen: "Die Medienberichte über die Asylgesetz-Abstimmung konzentrierten sich sehr stark auf einzelne Personen. Im Rampenlicht stand vor allem einer – Bundesrat Christoph Blocher, der bei der Ausarbeitung des verschärften Asylgesetzes die Fäden zog. Blocher wurde in den Berichten fast dreimal so oft erwähnt wie alt Bundesrätin Ruth Dreifuss von der Gegenseite."

Wer sieht sich dabei nicht an das fokussierte Interesse der Presse an Vorfällen mit Pitbulls erinnert? Genauso wie Blocher überproportional oft erwähnt wird, weil sich der Fokus auf seine Person richtet, genauso wird der Pitbull überproportional in der Presse erwähnt. Im Fall des Asylgesetzes konzentrierte sich die Aufmerksamkeit stark auf die Person von Christoph Blocher statt auf die eigentliche Thematik, also juristische, gesellschaftliche, politische Fragestellungen. Genauso geht es in der Kampfhunde-Debatte weniger um die komplexen Sachverhalte, die zu Beissunfällen führen, als vielmehr um die sterile Involvierung des Akteurs Pitbull. Die Rasse hat ein klar wahrnehmbares Profil, sozusagen ein einziges Gesicht, das man sich genau merken kann. Insofern tritt der Pitbull fast als Persönlichkeit in Erscheinung, auf die sich der Fokus leicht richten lässt, wie auf andere Personen des öffentlichen Lebens.

Einzelne Akteure werden also bevorzugt in der Berichterstattung erwähnt, wobei sich leibhaftige Persönlichkeiten mit einem möglichst knackigen Profil natürlich besonders gut für die mediale Inszenierung eignen, was wiederum dem notorischen Trend im modernen Journalismus zur Personifizierung entspricht. Fakten, Zusammenhänge, Analysen, Reflexion – all dies muss ins zweite Glied zurück, zu trocken, zu abstrakt. Dies kann sich so weit steigern, bis nur noch der Akteur selbst zurück bleibt, bar jeder realen Wichtigkeit, geschweige denn der Last einer Verpflichtung, die er zu tragen hätte – ein Akteur, der so beliebt scheint, dass er sich selbst ganz genug ist, dass über ihn ohne grosses Zutun berichtet wird. Das wohl beste Beispiel für eine solche Art von Öffentlichkeit ist Paris Hilton. Sie ist berühmt. Wieso eigentlich? Sie ist berühmt, weil über sie berichtet wird. Und berichtet wird über sie, weil sie berühmt ist. Und gerade weil sie so berühmt ist, wird so sehr über sie berichtet, was sie noch berühmter macht. Man sieht: Ein Selbstläufer, eine Endlosschlaufe der medialen Inszenierung, die fernab der Realität ihre Runden dreht.

Natürlich gibt es auch mildere Varianten. Einer, der ebenfalls ganz schön auf dieser Klaviatur spielen kann, ist der französische Präsident Nicolas Sarkozy. Noch nicht mal ein Jahr im Amt, zelebrierte er in aller Öffentlichkeit seine neu gefundene Liebe mit der Sängerin Carla Bruni. Nichts gegen die Zärtlichkeiten eines französischen Präsidenten – doch dahinter steckt, was viele als ganz neuen kommunikativen Stil, als ganz neue Art der Inszenierung und Wahrnehmung in der Politik verstehen. Dazu wurden im bibliophilen Frankreich natürlich rasch Bücher publiziert. Die NZZ vom 16. Januar 2008 stellte ein paar dieser Bücher vor. Eines darunter heisst "La nuit au Fouquet's" – so benannt nach einem Pariser Nobelhotel, auf dessen Terrasse Sarkozy nach seinem Wahlsieg auftrat. Im Buch werden Details aus der Entourage des Präsidenten erzählt, so etwa wie man versucht hat, seine (damalige) Frau Cécilia per SMS ins Fouquet's zu locken. Das Verdickt im NZZ-Artikel über den Gehalt des Buches ist dann relativ niederschmetternd: "Das alles ist nichts Neues unter der Sonne Sarkozys (...). Doch darf das Büchlein als emblematisch für die Tendenz vieler hiesiger Journalisten gelten, in Sachen "Sarko" vor lauter Fokussierung auf ein einzelnes Baumblatt den Wald aus den Augen zu verlieren."

Übersetzt in die Sprache der aktuellen Hundedebatte: Die Journalisten sehen vor lauter Pitbull die wahre Relevanz des Problems nicht mehr. Also auch hier: Fokussierung auf einzelne Akteure, wobei die Sicht aufs Ganze verloren geht. Grundtenor: Nichtige Details sind wichtiger als wichtige Zusammenhänge, wenn sie nur ja den Lieblingsakteur ins Zentrum rücken. Wir sehen leicht, dass die Darstellung einzelner Protagonisten in den Medien oft mehr Raum einnimmt als das Vermitteln thematischer Substanz, trockener, aufschlussreicher, harter Fakten. Was interessiert ist weniger eine Problematik an sich und die Rolle, die ein Akteur möglicherweise darin spielt – was interessiert ist mehr der Akteur selbst mit all seinen Wehwehchen.

Verzerrte Wahrnehmung als Folge einseitiger Fokussierung

Jetzt kommt noch etwas anderes dazu: Einzelne Akteure sind bei den Medien begehrter als andere. Über sie wird mehr berichtet, sei es mit einem Schaudern oder mit devoter Verehrung. Einzelne Akteure stehen im Vorder-, andere eher im Hintergrund. Daraus resultiert leicht eine arbiträre Belieferung mit Informationen durch die Presse, weil über die Akteure im Fokus mehr berichtet wird als über andere Akteure, die nicht im Fokus stehen. Und dies wiederum ist für die Meinungsbildung äusserst wichtig. Denn die Medien ziehen einen wesentlichen Teil ihres Einflusses aus der Selektion der Themen, über die sie berichten. Lassen sie eine Information weg, erfahren wir nie darüber. Greifen sie eine Information ständig auf, haben wir das Gefühl, sie sei relevant. Wird ein Akteur ständig erwähnt, hat man das Gefühl, er sei unentbehrlich, wird ein Akteur nie oder selten erwähnt, so nimmt man ihn nicht mal zur Kenntnis und kann sein Tun und Lassen auch nicht beurteilen, weder im Guten noch im Schlechten.

Bei den Selektionsinstanzen auf den Redaktionen scheint man bei der Auswahl von Information leicht in ein Muster zu verfallen: Was schon bekannt und skandalumwittert ist, erlangt mehr Aufmerksamkeit – sei es Sarkozy, der schon präsent ist in der Klatschpresse, sei es der Pitbull, dem schon ein übler Ruf vorausgeht. Manchmal werden einzelne Akteure aber auch aus schwerer identifizierbaren Motiven mehr in Szene gesetzt als andere. Die US-Soldaten im Irak etwa stehen unter grösserer medialer Aufsicht als ihre Gegner, die Terroristen oder – wie sie sich nennen – Widerstandskämpfer. Die kleinste Verfehlung der amerikanischen Akteure im Kriegsgebiet mündet in einen Skandal, vielleicht weil der moralische Anspruch an sie höher ist, während man bei ihren Gegnern eher blind auf beiden Augen ist, wenn sie Zivilisten ermorden und Geiseln abschlachten.

Eine solch unausgewogene Inszenierung einzelner Akteure kann durchaus Weltgeschichte mitschreiben. Übertrieben? Keinesfalls. Im Januar 1968 wütete in Südvietnam die Tet-Offensive. Überall waren die kommunistischen Truppen wie aus dem Nichts zum Angriff übergegangen. Die Aggressoren, reguläre Truppen aus dem kommunistischen Nordvietnam und einheimische Rebellenverbände der Vietcong, bedrängten die staatliche Existenz Südvietnams. Auch die amerikanischen Truppen kamen unter starken Druck. Viele Gebiete Südvietnams gerieten vorübergehend unter die Herrschaft der Kommunisten, so auch die alte Kaiserstadt Hué. Während 24 Tagen hielten sich dort nordvietnamesische Truppen. Als die Südvietnamesen und Amerikaner die stark zerstörte Stadt zurückeroberten, fand man Massengräber. Fast 3'000 Zivilisten hatten die Kommunisten während ihrer kurzen Herrschaft ermordet und verscharrt.

Dennoch wurde über dieses Verbrechen in den Medien des Westens weit weniger intensiv berichtet als über das Massaker von My

Lai, bei dem amerikanische Soldaten rund 100 Zivilisten ermordeten. Wir sehen auch hier: Dem Akteur "amerikanische Soldaten" wurde überproportional Aufmerksamkeit geschenkt gegenüber dem Akteur "kommunistische Soldaten". Dies ist mehr als eine Randnotiz. Die Tet-Offensive endete nämlich für die angreifenden Kommunisten mit einer verheerenden militärischen Niederlage. Doch den Krieg in den Medien an der Heimatfront in Amerika konnte das kaum beeinflussen. Dort wandte sich die Bevölkerung zusehend vom Engagement der eigenen Truppen in Vietnam ab – nicht zuletzt durch die Berichterstattung über My Lai, bei dem amerikanische Soldaten als Verbrecher erschienen und die ganze Mission in Misskredit brachten. Hätten die Medien mehr über die 3'000 Opfer der Kommunisten in Hué berichtet und weniger über die 100 Opfer der Amerikaner in My Lai, wie ja auch die Grössenordnungen der beiden Verbrechen suggeriert hätten, dann wäre womöglich die Wahrnehmung des Krieges in Vietnam ganz anders ausgefallen – und die Bevölkerung in den USA hätte den eigenen Truppen die moralische Unterstützung nicht entzogen. Vielleicht wäre dann auch der Krieg auf den Schlachtfeldern anders ausgegangen.

Gedanken zur medialen Stigmatisierung des Pitbulls

Das pervertierte Interesse an Gruselgeschichten rund um den Pitbull, wie wir es im vorigen Kapitel gesehen haben, ist nur ein Faktor in der medialen Leidensgeschichte dieses Hundes. Um ein umfassendes Bild zu erhalten, müssen wir uns noch weitere Punkte anschauen, die in der Kampfhunde-Debatte zur Stigmatisierung gewisser Rassen und allgemein zur Dramatisierung der Thematik beigetragen haben könnten. Machen wir uns dazu fünf Gedanken.

Gedanke eins: Die Welt ist zu komplex für die Medien

Diesen Gedanken könnte man Kurzfutter nennen. Oder etwas freundlicher: mangelnde Tiefe und Komplexität in der Darstellung von Fakten. Es ist klar: Was Medien verlauten lassen, ist immer gefiltert, gekürzt, vereinfacht. Es sind Häppchen, oft nicht mal fundiert ausrecherchiert. Der Medienkonsument muss sich immer mit Abbildungen der Realität abfinden, kommt nie die Realität in ihrer ganzen vertrackten Komplexität zu Gesicht. Zeitungen haben nun mal nicht die Dimension eines Brockhaus oder von Wikipedia. Fernsehprogramme wiederum sind an enge Zeitlimiten gebunden, eingeklemmt zwischen zwei Werbeblöcken.

Medien haben also beschränkte Kapazitäten. Die schiere Grösse einer Zeitung oder die Länge eines Fernsehprogramms bringt es mit sich, dass oft nur über Einzelereignisse berichtet wird ohne auf den grösseren Zusammenhang einzugehen. Das ist ein ganz normaler Mechanismus in der Medienarbeit. Es geht gar nicht anders. Und schliesslich sind wir ja als Konsumenten dankbar, dass wir Informationen in vereinfachter, eingängiger Form vorgesetzt bekommen, weil sonst die Kenntnisnahme schon der täglichen Nachrichten alle zeitlichen Dimensionen sprengen würde. So kann man nicht bei jedem Autounfall noch eine Analyse der Opferzahlen der letzten zehn Jahre mitliefern, nicht bei jedem Bericht über ein lokales Gewitter eine Analyse, ob das jetzt mit dem CO_2-Ausstoss verbunden sei, nicht bei jedem Suizid das gesamte psychische Profil des Opfers aufarbeiten. Es ist deshalb klar: Nachrichten müssen in mehr oder weniger radikaler Form vereinfacht werden.

Doch Vereinfachen ist nur das eine. Überdies verfallen Medienleute gerne einem Drang, den man so beschreiben kann: Sie möchten immer alles möglichst konkret-bildlich-personifiziert darstellen. Alles, was den Duft einer kompliziert-abstrakten Analyse atmet, wird im medialen Katechismus mit Inbrunst vermieden. Das Selbstverständnis der Journalisten ist für gewöhnlich so beschaffen, dass sie sich ohne Zögern einer intellektuellen Elite zugehörig fühlen. Daher kommt es womöglich, dass manch einer aus dieser Gilde seine Leser für relativ dumm einschätzt – jedenfalls für so dumm, dass er glaubt, er könne sie nur mit süffigen Geschichten abholen, weil sie abstrakte Darstellungen nicht begreifen würden. Wie auch immer. Süffige Stories, als Reportage am Einzelschicksal aufgezogen, gelten in der Medienlandschaft als sexy – abstrakt dargestellte Sachverhalte turnen ab. Tatsächlich scheint es auch so zu sein, dass eindrückliche Geschichten, untermalt womöglich durch eindrückliche Bilder, viel nachhaltiger bei Medienkonsumenten haften bleiben als staubtrockene, nüchterne, nackte Fakten.

Solcherlei erlebte man ganz typisch Ende 2008 / Anfang 2009, als die israelische Armee im Gazastreifen intervenieren musste, um den Terroristen der Hamas das Handwerk zu legen, die immer wieder Raketen abschossen und unschuldige Zivilisten töteten. Natürlich war das Vorgehen der israelischen Streitkräfte alles andere als zimperlich. Die palästinensische Bevölkerung im Gazastreifen litt enorm. In die Wohnstuben der westlichen Welt gelangten deshalb viele Bilder von scheusslich zugerichteten Verletzten, toten palästinensischen Kindern, von Obdachlosen und Verzweifelten. Um klar zu sein: Es ist legitim, solcherlei Schicksale darzustellen, auch in aller realistischer Brutalität. Das Leid dieser Menschen ist gross und muss thematisiert werden. Doch wenn sich eine Berichterstattung zu einseitig auf solche Bilder abstützt, so wird jedes abstrakte, kühle, nüchterne Denkvermögen zugeschüttet, das eben auch nötig wäre, um Ereignisse wie den Krieg in Gaza richtig einzuschätzen.

So war es denn auch. Den Medien gelang es nur schwer und zögerlich, die tieferen Ursachen dieses Krieges zu vermitteln. Dass der israelische Angriff nicht aus heiterem Himmel kam, sondern das Resultat ständiger Provokationen durch Raketenbeschuss war... Dass sich Israel im Zweifelsfalle immer nur auf die Stärke seiner Armee verlassen kann und daher ihre Schlag- und Abschreckungskraft immer wieder neu herstellen muss... all diese Fakten lassen sich eben viel schwieriger in ein visuell aufbereitetes, eingängiges Format pressen als ein sterbendes Kind in den Armen seines vor Schmerzen schreienden Vaters. "Kommunikationskrieg bereits verloren" titelte deshalb die NZZ vom 9. Januar 2009 – und meinte damit Israel. Die Berichterstattung über die Kämpfe in Gaza musste fast zwangsläufig in eine Israel-kritische Richtung abdriften. Wie die NZZ im Artikel schrieb: "Die Gratispresse, die Boulvardblätter und die klassischen Zeitungen bis zur "International Herald Tribune" bringen derzeit an prominenter Stelle Fotografien von blutverschmierten Opfern, nicht zuletzt von Kindern. Gleichzeitig rief die telegene jordanische Königin Rania dazu auf, die Kinder im Krisengebiet zu verschonen. Das sind die elementaren Botschaften, die nicht nur beim flüchtigen Medienkonsumenten haften bleiben. Informieren die Medien einseitig? Sie folgen einfach den einschlägigen Produktionsregeln. Danach sollen die Opfer im Zentrum stehen, und sie gibt es überwiegend auf palästinensischer Seite. Diese geben berührendes Bildmaterial her. Dass die Hamas mit ihren Raketenangriffen Israel zur militärischen Aktion provozierte und dass sie auf zynische Weise sich hinter Zivilisten versteckt, ist schwerer zu vermitteln."

Vom Gaza-Streifen zurück in die Wenigkeit der Kampfhunde-Debatte, wo ein verblüffend ähnlicher Mechanismus spielt. Die Logik hier: Die Medien erzählen lieber konkrete Geschichten von einzelnen Opfern einer Pitbull-Attacke, zumal noch wenn es sich um ein Kind handelt. Abstrakte, komplizierte, komplexe Erwägungen zum Problemfeld rund um Hundebisse und Hundhaltung lassen sich nur schwer vermitteln. Das Resultat ist auch hier eine auf die unmittelbaren Einzelopfer fokussierte Berichterstattung ohne grossen Bezug zur Gesamtproblematik.

Fassen wir also zusammen: Es gibt bei den Medien eine natürliche Tendenz zum Vereinfachen und obendrauf einen Hang zum Darstellen von Sachverhalten in eingängigen, anschaulichen, süffigen Geschichten, vorzugsweise aus der Perspektive von einzelnen Opfern. Möglicherweise wird diese Tendenz noch verstärkt durch neue Medien wie das Internet und Gratiszeitungen, die auf Kurzfutter spezialisiert sind. Dies gilt natürlich gerade für eine Thematik wie die Kampfhunde, fällt diese doch eher in den Bereich des lokalen Skandals, bei dem die Kürzungs- und Simplifizierungsarbeit mit grossen Schnitten von der Hand geht und rasch nur noch kleine Informationsbrocken ohne grosse Substanz abfallen, die – ganz nebenbei – auch dem Leser gefallen sollen, damit sich die Zeitung gut verkaufen lässt.

Tanja Große Lefert hat in ihrer Dissertation die Berichterstattung über gefährliche Hunde und Hundeunfälle in der Berliner Presse untersucht. Sie schreibt zur Thematik: "Die Strassenverkaufszeitungen veröffentlichen in erster Linie kurze Beiträge wie Meldungen und Leserbriefe. Sie setzen auf kurze und einfache Texte in Verbindung mit grossen Überschriften und Fotos, die natürlich auch ihren Platz benötigen, und geben die Meinungen ihrer Leser wieder." (S. 98) Die untersuchten Artikel, die der Dissertation zugrunde liegen, stammen aus dem Jahr 1999. Seither hat sich der Trend hin zu Gratiszeitungen und Internet noch akzentuiert, die Dosis an visuell transportiertem TV ist wohl auch noch gesteigert worden, wodurch der Hang zur Verabreichung von eingängigem Kurzfutter möglicherweise noch verstärkt wurde.

In einem Wort: Medien stellen die Welt weniger komplex dar, als sie in Wirklichkeit ist.

Gedanke zwei: Die Medien pfuschen

Pfusch gibt es in allen Branchen, selbst in der gemeinhin als seriös geltenden Bankenwelt, wie man seit der kolossalen Finanzkrise schmerzlich zu wissen bekam. Gleiches gilt für die Medien. Auch sie pfuschen schon mal. Gerade ökonomischer Druck kann dort einen Hang zur Oberflächlichkeit lostreten. Der Medienexperte Kurt W. Zimmermann schreibt dazu: "Journalisten, vor allem bei Zeitungen und Zeitschriften, haben heute nicht mehr die Zeit, sich in eine Materie wirklich zu vertiefen. Sie können Themen nur anrecherchieren, aber nicht ausrecherchieren. Ein Kenntnisstand von

30 Prozent genügt zum good to print. Das kann man ihnen nicht zum Vorwurf machen, es ist die verfügte Verwertungsmechanik der Medien." (Kolumne in der "Weltwoche" vom 10. Juli 2008).

In einem Wort: Medien pfuschen manchmal. Deshalb können die von ihnen dargestellten Sachverhalte manchmal falsch, mangelhaft, irreführend, unvollständig sein.

Gedanke drei: Die Medien selektieren

Eine Redaktion ist täglich konfrontiert mit einer Flut von Informationen. Diese sind so zahlreich, dass man damit locker eine 1'000-seitige Zeitung und ein 15-stündiges Nachrichtenmagazin füllen könnte. Das geht natürlich nicht. Folglich müssen die Medien jene Meldungen selektieren, über die berichtet wird. Der Rest wird aussortiert. Es muss also eine Auswahl getroffen werden. Das ist einer der ganz fundamentalen Mechanismen, mit denen Medien den Medienkonsumenten beeinflussen. Was Medien bringen, erfahren wir, es wird Teil unseres Bildes der Realität. Was Medien nicht bringen, erfahren wir nie. Der Mechanismus ist so bekannt und offensichtlich, dass wir hier kaum darüber philosophieren müssen. Nur ein Beispiel, um mit nackten Zahlen zu zeigen, wie krass sich ein solcher Selektionsmechanismus auf die Wahrnehmung des Pitbulls auswirken könnte.

Angenommen, es gäbe in der imaginären Stadt Fantasy-City eine Zeitung namens "Fantasy City Daily News". Nehmen wir weiter an, in dieser Stadt gäbe es pro Jahr 1'000 Beissunfälle. Nehmen wir an, 20 davon seien von Pitbulls verursacht, was ein realistischer Wert ist (Pitbulls würden demnach 2% aller Beissunfälle ausmachen). Nehmen wir ferner an, dass von diesen 1'000 Beissunfällen 15 so spektakulär und gravierend sind, dass sie überhaupt den Medien zu Ohren kämen. Nehmen wir noch an, dass von diesen 15 (den Medien bekannt gewordenen Vorfällen) 10 von Pitbulls verursacht worden wären. Auch das ist realistisch, denn ein Pitbull-Vorfall ist eher dazu angetan, viel Aufsehen zu erregen. Daher ist es realistisch, dass Pitbull-Vorfälle den Medien öfters zu Ohren kommen als Vorfälle mit anderen Rassen. Treffen wir eine weitere Annahme: Von den 15 den Medien bekannten gewordenen Unfällen selektierte die Zeitung "Fantasy City Daily News" 10 Vorfälle, über die sie effektiv berichtet. Unter diesen 10 Unfällen, über die berichtet wird, befinden sich 8 Ereignisse mit Pitbulls. Dass die Zeitung sich für so viele Geschichten mit Pitbulls entscheidet, ist klar, denn Unfälle mit Pitbulls geben für gewöhnlich eine spektakuläre Geschichte ab. So erscheinen also im Jahresverlauf in der Zeitung "Fantasy City Daily News" 10 Berichte über Hunde-Beiss-Unfälle. Und 8 von diesen 10 Berichten betreffen Vorfälle mit Pitbulls. Rechnen wir jetzt:

- 1'000 Beissvorfälle pro Jahr gibt es in der Stadt. 20 davon werden von Pitbulls verursacht. Das ergibt eine Pitbull-Quote von 2% an allen Beissunfällen.

- 15 Beissvorfälle in der Stadt kamen der Redaktion der Zeitung "Fantasy City Daily News" zu Ohren. Davon waren 10 von Pitbulls verursachte Vorfälle. Macht eine Pitbull-Quote von 66,66% an den Beissunfällen, die den Medien zu Ohren kamen.

- Über 10 Beissvorfälle hat die Zeitung "Fantasy City Daily News" berichtet. Davon waren 8 Vorfälle mit Pitbulls. Macht eine Pitbull-Quote von 80% an den publizierten Berichten über Beissunfälle.

Wir sehen in obigen Zahlenspiel folgendes mit schlagender Klarheit: Während der Pitbull an allen Beissunfällen nur einen Anteil von 2% ausmacht, ist er in den von der Zeitung "Fantasy City Daily News" publizierten Beissunfällen mit 80% massivst übervertreten. Der Leser dieser Zeitung müsste den Eindruck gewinnen, Pitbulls würden 80% der Beissvorfälle ausmachen, obwohl es in Wirklichkeit nur 2% sind. Natürlich ist diese Zahlenschieberei nur ein Gedankenspiel. Aber es ist ein realistisches Gedankenspiel und zeigt, wie fundamental sich die Selektion von Nachrichten auf das Bild auswirken kann, das wir uns von der Wirklichkeit machen.

Fies ist dabei: Selektieren die Medien die Informationen, so werden uns immer nur Fragmente der Realität zugänglich gemacht, nie aber die Realität insgesamt. Unser Hirn leitet aber aus den wenigen, unvollständigen Informationen sofort Muster ab, fast ohne dass wir es merken. Da es sich hier um einen Mechanismus handelt, der unser Denken ganz fundamental zu prägen scheint, spielt er natürlich auch in anderen Lebensbereichen, beispielsweise in der Finanzwelt. In einem Artikel im "Tagesanzeiger" vom 10. Dezember 2007 geht es um die Frage, wieso sich Anleger immer wieder in Theorien verrennen, mit denen sie die Kursentwicklung von Wertschriften vorhersagen wollen, die sich doch meist als falsch erweisen. Man lese dies: "Unser Hirn ist geradezu vernarrt in Muster. Wir sehen Muster selbst dort, wo sie nicht vorhanden sind. Man versorge uns mit ein paar beliebigen Fakten, und schon sind wir dabei, daraus eine logisch plausible Kausalität abzuleiten. So machen wir es auch mit Aktienkursen, die in beliebiger Anzahl verfügbar sind. Wir ordnen sie zu einem sinnvollen Zusammenhang, unabhängig davon, ob ein solcher besteht oder nicht."

In einem Wort: Das Selektieren der Informationen führt dazu, dass uns nur Fragmente der Realität vorgeworfen werden, aus denen wir aber fast instinktiv ein (oft verzerrtes) Bild der Realität zusammenschustern.

Gedanke vier: Die Medien treiben im Mainstream

Medien schreiben sich gegenseitig ab, greifen immer wieder die immer gleiche Thematik aus der immer gleichen Perspektive auf. Oftmals schwimmen Medien mehr oder weniger kritiklos in einer Mainstream-Meinung mit. Der bekannte Schweizer Journalist Urs Paul Engeler hielt im Sommer 2007 eine Rede zu einem wichtigen Themenkreis: Mainstream in der Schweizer Medienlandschaft.

Eine Zusammenfassung der Rede erschien später in der "Weltwoche" vom 20. September 2007. Darin ist zu lesen: "Was der tägliche Mainstream ist, möchte ich an einem Beispiel erklären. Fast auf den Tag genau vor 23 Monaten hatte ich einen Auftritt vor PR-Leuten und schlenderte nach Vortrag und Fragestunde an einem Kiosk vorbei. Die Schlagzeilen und Haupttitel, mit denen alle Zeitungen von Blick über Tages-Anzeiger, NZZ, Aargauer Zeitung, Berner Zeitung, Basler Zeitung, St. Galler Tagblatt bis Le Temps und Neue Luzerner Zeitung warben, haben mich derart beeindruckt, dass ich sie mir sofort notiert habe.

Sie lauten:

"Es braucht 50 000 Krippenplätze"
"Es fehlen 50 000 Krippenplätze"
"50 000 Plätze in Krippen fehlen"
"Der Beweis: Es fehlen 50 000 Plätze für Kinder"
"Gesucht: 50 000 neue Krippenplätze"
"Il manque 50 000 places en garderie"
"50 000 Kinder ohne Krippenplatz"
"In der Schweiz fehlen 50 000 Krippenlätze"

Wie Engeler in seinem Vortrag weiter ausführte, habe ihn die Sache stutzig gemacht. Die Zahl von 50'000 angeblichen Krippenplätzen kam ihm nicht plausibel vor. Zweitens war ihm verdächtig, dass alle Medien die Schlagzeile in grösster Eintönigkeit und ohne jede Kritik aufnahmen. Engeler ging der Sache nach. Und siehe da, wie es in seiner Rede weiter hiess: "Zurück in Bern, habe ich mir die Studie beschafft, die alle Medien ohne Ausnahme als neue Bibel der Betreuung gefeiert haben. Angefertigt und präsentiert hat die Untersuchung das (SP-)Beratungsbüro Infras in Zürich, bezahlt hat sie der Steuerzahler." Was hat das jetzt mit der Pitbull-Diskussion zu tun? Sehr viel. Das Beispiel zeigt, wie Medien manchmal ein Herdeverhalten entwickeln, wo es doch gerade ihre Aufgabe wäre, kritisch zu hinterfragen und auch mal nicht mit der Herde zu blöken.

Doch die Medien synchronisieren in der wohligen Wärme der Herde nicht nur ihre Gedanken, der Berufsstand der Journalisten giert auch nach Anerkennung durch seinesgleichen. Kurt W. Zimmermann, den wir bereits kurz zitiert haben, befasste sich mit der Frage, wieso Medien immer wieder Umfragen publizieren, die sich nachträglich als peinlich falsch erweisen: "Das Mediensystem ist extrem selbstreferenziell. Den meisten Journalisten ist es eher egal, ob Politiker oder Manager sie wahrnehmen. Wichtig ist den Journalisten vielmehr, dass die anderen Journalisten sie wahrnehmen. Nie ist das Glücksgefühl einer Redaktion grösser, als wenn andere Redaktionen sie zitieren. Umfragen garantieren wie sonst nichts diese selbstreferenzielle Aufmerksamkeit. Wer eine Umfrage publiziert, und mag sie noch so schwachsinnig sein, der wird am nächsten Tag mit Garantie zitiert." (Kolumne in der "Weltwoche" vom 1. November 2007)

Die Journalisten mögen es also, wenn von ihnen abgeschrieben wird, wenn sie von den Kollegen wahrgenommen werden. Doch sie schreiben einander nicht nur ab. Sie legen ihre Texte und Themen schon so an, dass die Chance steigt, dass sie von einem Berufskollegen zitiert werden. Was da zutage tritt, ist ein in sich geschlossenes System, aus dem sich schwer ausbrechen lässt, wo sich Themen in einer Eigendynamik entfalten können, ohne den Tellerrand des journalistischen Milieus wirklich zu verlassen. Ist der Pitbull mal als Thema gesetzt, so lässt sich schwer wieder davon abkommen. Einmal mit dem Kainsmal versehen, hat er praktisch keine Chance mehr, in der Berichterstattung objektiv und fair behandelt zu werden.

Überhaupt scheinen Medien oft mehr den Ruf eines Akteurs zu transportieren als den Akteur selbst. Ein gutes Beispiel dafür ist Barack Obama, der charismatische Bewerber fürs Präsidentenamt in den USA (und spätere Gewinner der Wahlen). Da habe ich mich gleich selbst ertappt – charismatisch. Was heisst das überhaupt im Zusammenhang mit Obama? Wieso soll er charismatisch sein? Habe ich ihn schon mal selbst erlebt, um beurteilen zu können, er sei charismatisch? Nein. Habe ich nicht. Habe ich schon mal ein fundiertes Porträt über ihn gelesen, das den Schluss nahe legen würde, er sei besonders charismatisch? Vielleicht, aber sicher bin ich nicht. Doch Obama wird immer als charismatisch dargestellt. Da wird in den Medien geschrieben und gesendet, wie sehr dieser Obama doch ein Charisma ausstrahle, was der für ein Hoffnungsträger sei und bestimmt alles verändern werde. Er gilt einfach als charismatisch. Er hat den Ruf, charismatisch zu sein. Einmal mit diesem Ruf versehen, reden die Medien nur noch vom charismatischen Obama, ohne wirklich fundamental darzulegen, worin denn dieses Charisma (das er ja durchaus haben mag) bestehen soll und woran man es erkennen kann.

In einem Wort: Medien schliessen sich manchmal einem Mainstream an und schreiben einander unkritisch ab.

Gedanke fünf: Sollen Journalisten Hunderassen nennen?

Sollen Rassen in Medienberichten überhaupt erwähnt werden? Ist die Nennung von Rassen nicht irreführend und hält vom richtigen Verständnis der Materie rund um Beissunfälle ab, statt relevante Informationen an den Tag zu fördern? Man stelle sich jetzt eine Meldung wie diese vor: "Pitbull tötet Kind". Liest man das zwei, drei Mal, so zieht der durchschnittlicher Leser daraus wohl den Schluss: Pitbulls sind gefährlich. Denn die Meldung erwähnt ja nicht, dass es sich nur um Einzelfälle handelt und Pitbulls nur den allerkleinsten Teil aller Hundebisse ausmachen. Dafür ist im Rahmen einer medialen Kurzfütterung oft zu wenig Raum, vielleicht zu wenig Geduld und Interesse sowohl in der Leser- als Schreiberschaft. Das Faktum, dass es sich bei der Meldung um einen Pitbull handelt, wird also nicht in den richtigen Kontext gestellt, es wird nicht erwähnt, dass es gerade so gut ein anderer Hund hätte sein können. Es ist ein Schlaglicht ohne Aussagekraft auf die Gesamtproblematik.

Man stelle sich jetzt vor, die obige Meldung würde stattdessen heissen: "Hund tötet Kind" oder sogar "Haustier tötet Kind". Jetzt wäre die Schlussfolgerung des durchschnittlichen Lesers vielleicht: Hunde oder generell Haustiere können generell töten. Eine Stigmatisierung einer bestimmten Hunderasse bliebe aus. Daher wäre der Schluss klar: Es ist nur dann legitim, eine Rasse zu nennen, wenn dies zum Verständnis des dargestellten Sachverhaltes nötig ist und / oder sich der Artikel auch die Mühe nimmt, die genannte Rasse ausführlich und fundiert in den Gesamtkontext der Problematik zu stellen.

Ein verblüffend ähnlicher Mechanismus spielt auf einem ganz anderen Gebiet des Journalismus, nämlich in der Kriminalberichterstattung. Dort stellt sich die Frage: Soll die Herkunft, die Nationalität des Täters genannt werden? Hier nur ein kurzer Zwischenstopp, damit keine Missverständnisse entstehen. Natürlich soll die Problematik in der Berichterstattung über Straftaten ausländischer Menschen nicht auf eine Stufe gestellt werden mit der Stigmatisierung von gewissen Hunderassen. Das wäre total unwürdig, absurd. Natürlich hat die Stigmatisierung von Menschen ausländischer Herkunft eine ganz andere ethische Dimension. Hier geht es nur darum, eine Analogie in der Berichterstattung über Kriminalität und Beissunfälle herauszuarbeiten. Nur um den Mechanismus geht es, nicht um eine Gleichsetzung der involvierten Akteure. Mit der nötigen Vorsicht stelle man sich jetzt folgende Schlagzeile vor: "Mann aus Fantastistan tötet Frau". Und man vergleiche sie mit: "Mann tötet Frau". Oder sogar: "Frau wurde ermordet". Die Analogie mit der Kampfhunde-Debatte sticht ins Auge: Genauso wie die Nennung der Nationalität des Täters in der Kriminalberichterstattung eine ganze Bevölkerungsgruppe in ein schiefes Licht rücken kann – genauso kann die Nennung einer Rasse in der Berichterstattung über Hundeunfälle eine ganze Hunderasse in Verruf bringen.

Der Presserat hat sich genau mit dieser Problematik auseinander gesetzt und berichtet unter folgendem Titel: "Rassismus in der

Kriminalberichterstattung – Stellungnahme des Schweizer Presserates vom 19. Januar 2001". Darin steht: "Aus den oben dargestellten Ergebnissen wissenschaftlicher Arbeiten ist im Zusammenhang mit der vorliegenden Stellungnahme des Presserates zu folgern, dass die schweizerischen Medien (...) gleichgültig ob Qualitätsblätter oder Boulevardblätter (...) gegen Diskriminierung oder sublimen Rassismus in der Berichterstattung über Fremde gerade auch im Bereich der Kriminalberichterstattung nicht von vornherein gefeit sind." Dann geht es in der Stellungnahme so weiter: "Deshalb sollten Medienschaffende bei der Berichterstattung über Gerichtsverhandlungen, Pressekonferenzen der Polizei usw. besonders darauf achten, dass nicht einzelne Menschen oder Gruppierungen durch die Medien diskriminiert werden. Die Richtlinie 8.2. zur "Erklärung der Pflichten und Rechte der Journalistinnen und Journalisten" statuiert ausdrücklich, dass bei Berichten über Straftaten Angaben über ethnische oder nationale Zugehörigkeit, Geschlecht, sexuelle Orientierung, Krankheiten, körperliche oder geistige Behinderung nur gemacht werden dürfen, wenn sie für das Verständnis unerlässlich sind. Dabei ist dem Umstand besondere Beachtung zu schenken, dass solche Angaben bestehende Vorurteile gegen zu schützende Minderheiten verstärken könnten."

Damit hat der Presserat eigentlich alles gesagt. Medien sind nicht davor gefeit, Ausländer in der Berichterstattung zu stigmatisieren. Wenn wir das auf die Kampfhunde-Debatte übertragen, so stellen sich ein paar Fragen: Wenn Medien – sogar gute – in der Kriminalberichterstattung Ausländer stigmatisieren, wäre es dann nicht denkbar, dass auch in der Berichterstattung über Hundeunfälle gewisse Rassen stigmatisiert werden? Wenn in der Kriminalberichterstattung die ethnische und nationale Zugehörigkeit nur genannt werden soll, wenn sie für das Verständnis der Tat unerlässlich sind, wäre es dann nicht angebracht, dass auch in der Berichterstattung über Beissunfälle die Rasse nur dann genannt werden sollte, wenn sie für das Verständnis des Unfalls aufschlussreich wäre? Wenn durch das Nennen von ethnischer oder nationaler Zugehörigkeit in der Kriminalberichterstattung Vorurteile gegen

Minderheiten geschürt werden könnten, wäre es dann nicht möglich, dass durch das Nennen von Rassen in der Berichterstattung über Beissunfälle, Vorurteile gegen gewisse Rassen und ihre Besitzer geschürt werden? Wir wollen diese Fragen hier als Denkanstoss stehen lassen.

Schlussfolgerung aus den Gedanken eins bis fünf

Wir haben in den vorigen Gedankengängen viele Fehlleistung gesehen, unter denen Medien leiden und die dazu führen, dass sie uns nicht immer ein korrektes Bild der Realität vermitteln. Darob soll man nicht jammern. Journalisten sind halt nur Menschen, die überdies viel Herzblut in ihr Metier investieren. Vereinfachen, kürzen, selektieren, pfuschen, abschreiben... Das alles sind ganz normale und sogar notwendige Vorgänge, solange Zeitungen nicht den Informationsgehalt ganzer Bibliotheken aufnehmen können, nebenbei auch noch rentieren müssen und beim Lesen ein bisschen Spass vermitteln sollen. Doch das heisst nicht, dass diese Vorgänge unproblematisch seien. Das Problem ist nämlich nicht mehr und nicht weniger folgendes: Das Bild, das uns die Medien vermitteln, muss nicht zwangsläufig übereinstimmen mit der Realität selbst. Das gilt es einfach im Hinterkopf zu halten.

Stellen wir uns jetzt folgende Dinge vor: 1) Da Berichte über Hunde-Attacken oft in den Sphären des lokalen Skandals dümpeln, fallen sie häufig rudimentär aus, erklären die Komplexität der Ursachen von Beissunfällen kaum. 2) Da Medien schon mal pfuschen, schreiben sie immer wieder etwas Falsches oder Oberflächliches über Pitbulls. 3) Weil die Medien ihren Fokus ganz auf den Pitbull ausgerichtet haben, sind Berichte über Unfälle mit Pitbull-Beteiligung viel häufiger als Berichte über Unfälle mit anderen Rassen. 4) Da Medien einander abschreiben, befeuern sie die Pitbull-Hysterie immer mit neuen Berichten, statt das Thema einmal ad acta zu legen oder ihm zumindest keine überproportionale Aufmerksamkeit mehr zu schenken. 5) Da Medien die Rasse Pitbull oft explizit benennen, fällt es uns leicht, Vorurteile gegenüber dieser Rasse bestätigt zu kriegen.

Die Folge von alledem ist ein unrealistisches Bild der Realität – der Pitbull oder Kampfhunde allgemein erscheinen plötzlich als Monster, obwohl die Realität ein gänzlich anderes Bild ergeben müsste.

Wie gross ist der Einfluss der Medien?

Tanja Große Lefert verdichtet in ihrer Dissertation die Wechselwirkung zwischen Medien, öffentlicher Meinung und politischen Forderungen in der Kampfhunde-Debatte sehr anschaulich so: "Gedruckt wird, was der Kunde lesen möchte. – Die Medien sind die Instanz, die bestimmte Themen überhaupt erst in die allgemeine Diskussion bringt und den Lesern als Diskussionsgrundlage anbietet. Bevorzugt werden meist Geschehnisse, die etwas Aussergewöhnliches, von der Norm abweichendes oder Skandalöses zum Inhalt haben, weil mit ihnen die meiste Aufmerksamkeit erregt werden kann. (...) Mit zunehmender dauerhafter Präsenz in den Medien wird auch die Chance immer grösser, dass dieses Thema zu einem wichtigen Bestandteil der öffentlichen Diskussionen wird. – Diesen Prozess hat auch die Thematik um die "Berliner Kampfhunde" durchlaufen. Angefangen bei ersten Berichten über Beissvorfälle im Jahr 1998 über Wohnungskündigungen von Kampfhundebesitzern bis hin zur Verabschiedung einer Hundeverordnung, die schon bald danach verschärft und durch eine "Rasseliste" ergänzt werden soll, findet diese Problematik immer wieder Erwähnung. Dabei basieren auch die erwähnten Verordnungen meist nicht auf statistischen und damit belegbaren Zahlen, sondern vielmehr auf den Forderungen der Öffentlichkeit nach Massnahmen gegen einen offensichtlich nicht zu akzeptierenden Zustand. Dieser Zustand erschien der Allgemeinheit jedoch bis zu einem gewissen Zeitpunkt ganz normal. Weniger durch die Beobachtungen der Umwelt als vielmehr durch die Berichterstattung der Medien wird er plötzlich als Missstand empfunden. Was anfänglich nur ein Teil der Berichterstattung ist, wird für die Leserschaft und damit für weite Teile der Gesellschaft zur politischen und gesellschaftlichen Realität. (...) Die Zeitung gibt also eine Meinung vor oder greift eine bestehende Meinung auf und beeinflusst damit nicht nur ihre Leser, sondern zwangsläufig auch die Politik." (S. 115-116)

Medien können Themen setzen – nicht beliebig manipulieren

Können Medien also beliebig ein Thema aufnehmen und ausschlachten? Schauen wir jetzt, was Uwe Sander und Dorothee M. Meister in einem Beitrag zum Buch "Was treibt die Gesellschaft auseinander?" unter dem komplizierten Titel "Zum relationalen Charakter von Medien in modernen Gesellschaften" geschrieben haben. Im Textabschnitt zeigen sie am Beispiel von Hoyerswerda auf, wie Medien ein Thema setzen können. Im bekannten Fall von Hoyerswerda wurde ein Asylbewerberheim angezündet, worauf die Medien kaum erstaunlicherweise intensiv über die Gewalt gegen Ausländer berichteten, was wiederum bewirkte, dass das Thema nun mehr Interesse erfuhr, mitunter also auf die Agenda ganz oben zu stehen kam.

Die Autoren schreiben: "Immer wieder scheint es Hinweise auf "starke" Wirkungen der Medien zu geben: Der unbestreitbare Einfluss auf die Relevanzstrukturen der Zuschauerinnen und Zuschauer hat sich zumindest im Rahmen des Themas Asyl und Ausländerfeindlichkeit bestätigt. In der Folge von Hoyerswerda und den nachfolgenden zahlreichen Ausschreitungen gegen Asylbewerberheime stieg die Bedeutung des Themas in der Öffentlichkeit beträchtlich an. Auf die Frage "Welche drei Themen, über die in den Zeitungen, im Radio oder Fernsehen berichtet wurde, interessieren Sie sich besonders?" antworteten Anfang September 1991 nur 2%, dass das Thema Gewalt gegen Ausländer sie besonders interessiere, während sich Mitte Oktober über 50% für das Thema besonders interessierten. Die Aufmerksamkeitswerte, die dieses Thema beim

Publikum eingenommen hat, bestätigen jedoch lediglich die Thematisierungs-Funktion der Medien und lassen keine Aussagen über inhaltliche Zu- oder Ablehnung zu." (S. 207)

Medien scheinen also viel Macht zu haben, wenn es darum geht, ein Thema zu setzen, in die öffentliche Debatte einzubringen. Das aber sagt noch nichts darüber aus, ob sie auch inhaltlich auf das Thema Einfluss gewinnen. Im bereits oben erwähnten Text steht dazu weiter: "Den Untersuchungen der Agenda-Setting-Forschung zufolge können die Medien massgeblich bestimmen, was auf die Agenda gesetzt wird, wenn sie auch nur bedingten Einfluss darauf nehmen, wie die Themen dann im weiteren diskutiert werden." (S. 222-223) Anders gesagt: Die Medien können den Stein ins Rollen bringen, wohin er aber rollt, entzieht sich ihrer Macht.

Deshalb greift auch die Sicht zu kurz, die Pitbull-Hysterie sei einfach herbeigeschrieben worden. Man muss vorsichtig sein, dass man den Einfluss der Medien nicht überschätzt und dabei selbst in ein billiges Klischee abgleitet. Wie Niklas Luhmann in "Die Politik der Gesellschaft" schreibt: "Dabei ist die verbreitete Annahme, dass die Massenmedien die öffentliche Meinung "manipulieren" oder doch beeinflussen, ihrerseits ein Schema der öffentlichen Meinung, gleichsam eine Immunreaktion, mit der sie sich die Möglichkeit von Gegenreaktionen offenhält." (S. 303) Die Mechanismen der Meinungsbildung sind wohl doch komplexer und können von Medien zwar mitgestaltet, sicher aber nicht beliebig gesteuert werden. Und natürlich braucht es eine gewisse Empfänglichkeit des Publikums, damit ein Thema lanciert werden kann. Die Berichterstattung ist also auf einen Nährboden angewiesen.

Um sich ein Bild von den Mechanismen zu machen, die ablaufen, hält man sich gut an ein Statement von Alphons Silbermann und Udo Michael Krüger aus ihrem Buch "Soziologie der Massenkommunikation": "Denn die Wirkungen von Kommunikationen sind stets engstens verbunden mit den Wertvorstellungen der Gesellschaft, in der sich die Kommunikationen abspielen: Wirkungen können nur im Rahmen des komplexen, aus Ideen und Erfahrungen bestehenden Gesamtsystems verstanden und erklärt werden." (S. 81) Die öffentliche Meinung muss man sich demnach eher als Ergebnis einer Wechselwirkung vorstellen, wobei die Medien nur einen Faktor darstellen.

Die Macht und Ohnmacht der Medien

Schauen wir zwei Beispiele aus ganz anderen Themenfeldern an, die zeigen, wie beschränkt der Einfluss von Medien oft ist – und wie gross er manchmal auch sein kann.

Beispiel eins: Ein schlagender Fall für die Machtlosigkeit der Medien war die Debatte um den EWR-Beitritt der Schweiz. Das gesamte politische, wirtschaftliche und kulturelle Establishment war für einen Beitritt. Nur die SVP mit ihrem Exponenten Christoph Blocher war dagegen. Und das Establishment war sich seiner Sache sicher bis zur Arroganz. Der damalige Aussenminister Flavio Cotti soll gegenüber Blocher gesagt haben: "In ein paar Jahren sind wir EU-Mitglied." Von wegen. Am 6. Dezember 1992 sagte das Schweizer Volk nein zum EWR-Betritt – womit auch die Vision eines EU-Beitrittes zerbrochen war. Natürlich nahmen die allermeisten Medien Stellung zugunsten des EWR-Beitrittes. Genützt hat es nichts. Blocher war die Rolle des Aussenseiters, der gegen die etablierten Kreise kämpft, wie auf den Leib geschneidert.

Ein Artikel in der "Weltwoche" beschreibt den Aufstieg der SVP zur grössten Partei der Schweiz, wobei Blocher so zitiert wird: "Wenn alle gleicher Meinung sind, bekomme ich ein flaues Gefühl im Magen. Dann ist etwas faul." Ein Schlüsselereignis in diesem Aufstieg war der Kampf gegen den EWR-Beitritt. Im gleichen Artikel wird analysiert, wieso Blocher und die SVP in diesem Kampf erfolgreich waren: "Blocher profitierte davon, dass seine Gegner in blindem Hass erstarrten." Und: "Sie nahmen den Widerstand Blochers persönlich und reduzierten alles auf seine Person." Ein ganz spannendes Detail fällt auf: Wir sehen hier wieder die Zentrierung auf einen Akteur, Blocher, der negativ dargestellt wird. Doch anders als beim Akteur Pitbull war es nicht so, dass dieser in Ungnade viel, vielmehr identifizierte sich die Öffentlichkeit mit ihm – ein Angriffsziel der Medien wird also nicht immer gehasst, sondern manchmal auch geliebt.

Vielleicht zeigt dieses Beispiel mehr als alle anderen, wie gut man daran tut, den Einfluss der Medien differenziert zu sehen. Manchmal erweist sich eine in der Öffentlichkeit etablierte Meinung als mehr oder weniger immun gegen jeden medialen Einfluss. Was die Kampfhunde-Debatte angeht, kann man daraus lernen: Selbst wenn die Medien die Problematik von Hundeunfällen ohne Sentimentalität und nur fachlich hieb- und stichfest darstellen würden, so wäre es keinesfalls sicher, ob der Pitbull oder andere Kampfhunde nicht trotzdem zu Sündenböcken gestempelt worden wären. Zu tief sitzt die Vorstellung vom bösen Kampfhund in der Volksseele, zu der Medien manchmal kaum Zugang haben. Mitunter sitzt eben eine Meinung so unerschütterlich wie eine tief verwurzelte Pflanze, so dass auch ein medialer Orkan sie nicht ausreissen kann.

*****

Ganz anders ist Beispiel Nummer zwei. Es gibt immer wieder Fälle, in denen es den Medien zu gelingen scheint, aus dem Nichts eine Story herbeizureden. Gut illustrieren lässt sich das an der Berichterstattung über eine "Problemschule" in Zürich. Eine 6. Klasse im städtischen Schulhaus Borrweg geisterte im Frühling 2007 durch die Medien. Um die Klasse herum wurde ein katastrophaler Ruf modelliert. Man gewann den Eindruck: Diese Schüler sind ein Schrecken, ein Horror gar für jeden Lehrer. Auch die Behörden des zuständigen Schulkreises Uto kamen in die Kritik. Der verantwortliche Stadtrat leitete deshalb eine Untersuchung ein. Dann wurden die Ergebnisse der Untersuchung vorgelegt. Die NZZ vom 10./11. November 2007 schreibt darüber: "Von groben Verfehlungen, einem allgemeinen Führungsmangel oder gar von strafrechtlich relevantem Missverhalten im Schulkreis Uto ist aber nicht die Rede."

Im Kommentar zum NZZ-Artikel heisst es: "Der einst immense Aufruhr steht in keinem Verhältnis zur Tragweite dieses lokalen Ereignisses."

Haben die Medien hier eine Story aufgebauscht, die wenig mit der Realität zu tun hatte? Einen Skandal herbeigeschrieben, der gar keiner war? Könnte sich eine solche Skandalisierung auch beim Pitbull und den anderen Kampfhunden ereignet haben? Der Vergleich ist nicht absurd. Wie in der Hundedebatte wuchs die skandalträchtige Berichterstattung rund um die Problemschule auf einem Nährboden heran. Themen wie Jugendgewalt schwirren schon lange in den Köpfen der Menschen umher und machen sie empfänglich für solche Geschichten.

Schaut man sich das alles an, so kann man zusammenfassen: Natürlich haben die Medien im Zusammenhang mit Kampfhunden viel Ungemach herbeigeschrieben und so zur Skandalisierung der Thematik beigetragen. Ob sie ihrer Pflicht als differenzierte Vermittler von Informationen dabei immer nachgekommen sind, bleibt fraglich. Doch die medialen Fehlleistungen sind erklärbar und konnten nur in Wechselwirkung mit einem Publikum Wirkung entfalten, das auf solcherlei Skandalisierung auch eingeht.

Getriebene des Zeitgeistes

Immer wieder hört man, die Politiker hätten die Kampfhunde-Debatte instrumentalisiert, um sich selbst in Szene zu setzen. Stimmt das? Ist es überhaupt möglich, dass Politiker ein Thema einfach in die Runde werfen oder zumindest am Köcheln lassen, um davon zu profitieren? Wir haben uns kritisch mit der Frage auseinander gesetzt, wie immer wieder Sündenböcke benannt werden und als Erklärung für irgendein Ungemach herhalten müssen. Jetzt müssen wir vorsichtig sein, damit wir nicht in dasselbe Fahrwasser geraten und uns selbst die Politiker als Sündenböcke vor-

knöpfen, die die Hundedebatte aus selbstsüchtiger Profilierungs-
gier einfach mal so inszeniert hätten. Das ist zu kurz gedacht.

Um den Horizont zu weiten, ist es wieder einmal nützlich, in andere gesellschaftliche Bereiche zu blenden. Im Frühling 2008 wurde
in der Schweiz die so genannte Maulkorb-Initiative durch den Me-
diendschungel geschleppt. Bei der Initiative ging es darum, dass
die Regierung und das oberste Kader der Verwaltung nicht mehr in
die Debatte um Volkabstimmungen eingreifen sollen, weil sie so
die öffentliche Meinung zu stark beeinflussen könnten. Am 30.
April 2008 nahm der Publizistik-Professor Otfried Jarren zu der
Initiative, die später in der Abstimmung vom Volk abgelehnt wurde, Stellung in der NZZ: "Die öffentliche Meinung lässt sich in
demokratischen politischen Systemen, mit einem differenzierten
und vielfältigen Politik- und Mediensystem wie in der Schweiz,
nicht sicher vorhersagen – geschweige denn manipulieren." Diesen
Satz sollten wir uns vor Augen halten, wenn wir uns mit der Rolle
der Politiker in der Hundedebatte befassen. Politiker sind gewiss
wichtige Akteure in einer öffentlich ausgetragenen Kontroverse,
beliebig Einfluss nehmen können sie aber beileibe nicht.

Ausgangspunkt: Schlimmer Einzelfall – Endstation: Verbote

In der Hundefrage ist das Verhalten der Politiker eher reaktiv als
proaktiv. Andersrum: Sie reagieren auf Strömungen und Forderungen der Öffentlichkeit. Zumal nach tragischen Ereignissen nehmen
sie die Thematik gerne auf, um Handlungsfähigkeit zu beweisen.
Meist ist der Drang nach Verdichtung des ohnehin kaum mehr
durchschaubaren Paragraphendschungels gross, Verbote und Vor-
schriften haben Konjunktur.

Wenden wir den Blick hin zu einem anderen Thema, um die uni-
verselle Gültigkeit eines solchen Mechanismus zu erkennen. In der
Textsammlung "Prohibitions" wird die Wirksamkeit (oder vielmehr eben: Unwirksamkeit) von restriktiven Gesetzeswerken in
verschiedenen gesellschaftlichen Kontexten untersucht. Ein Kapi-

tel ist der Schusswaffenproblematik gewidmet. Dabei zeigt der Autor eine eindrückliche Wechselwirkung von schlimmen Ereignissen mit Feuerwaffen und der Einführung strenger Waffengesetze auf. Restriktive Waffengesetze bis hin zu Verboten sind oft die unmittelbare, reflexhafte Reaktion der Politik auf schlimme Einzelfälle, seien es Unfälle oder Verbrechen mit Feuerwaffen, die eine grosse öffentliche Resonanz fanden.

In keinem der untersuchten Länder führten die Verbote jedoch zum angestrebten Resultat, nämlich der nachhaltigen Reduktion von Verbrechen. Ganz im Gegenteil: In England stieg die Zahl der Gewaltverbrechen und Morde nach der Einführung eines restriktiven Waffengesetzes in den 90er Jahren an, während in den USA, die mehrheitlich einem liberalen Ansatz treu blieben, die Kriminalität stetig zurück ging. Wir können daraus eine Regelmässigkeit ableiten, die auch bei schweren Unfällen mit Hunden prototypisch zu beobachten ist: Ein schlimmer Einzelfall löst restriktive Massnahmen aus, deren Wirksamkeit alles andere als sicher ist.

Genau so war es nach dem tragischen Unfall von Oberglatt. Bereits ungefähr zwei Wochen nach der fatalen Attacke der Pitbulls lag ein parlamentarischer Vorstoss (Motion) auf dem Tisch. Darin ist von einem Verbot von Hunden mit einem erheblichen Gefahrenpotential für Menschen die Rede. Eine Gruppe von Experten hat zum Vorstoss Stellung genommen. In ihrem Papier vom 18. Januar 2006 (das Papier bezieht sich auf eine Pressekonferenz, wobei sich u.a. die französische Vereinigung "Zoopsy" und die Schweizerische Tierärztliche Vereinigung für Verhaltensmedizin [STVV] als Organisatoren ausweisen) nehmen sie eine Bestandesaufnahme der politischen Befindlichkeit vor, die sehr spannend ist: "Verschiedene Mitglieder des Parlaments haben zum Ausdruck gebracht, dass sie erwarten, dass das "erhebliche Gefahrenpotential" in einer Rasseliste definiert wird." Gleich anschliessend heisst es: "Gemäss BVET [Bundesamt für Veterinärwesen] ist der Druck Richtung rassespezifischer Massnahmen, insbesondere Richtung Verbot sehr gross. Es muss jedoch festgehalten werden, dass es auch in der Politik andere Stimmen gibt."

Wenn nicht alles täuscht, so lässt sich sagen: Sicher nicht unisono, aber eine gewisse Präferenz für Rasseverbote hat die Politik gezeigt. Kaum erstaunlicherweise lancierte die Zeitung "Blick" kurz nach dem Unfall in Oberglatt eine Petition, die ein Verbot von Pitbulls forderte und die von vielen Politikern unterschrieben wurde. Am 7. Dezember 2005, keine Woche nachdem der kleine Süleyman in Oberglatt durch die Pitbulls getötet worden war, reichte der damalige Nationalrat Pierre Kohler eine Parlamentarische Initiative ein, die ebenfalls ein Pitbull-Verbot forderte. Wir sehen schnell: Die Politik hat im Fall von Oberglatt prompt reagiert, reaktiv eben, wie gesagt, und Verbote hatten durchaus Konjunktur.

Besonders stossend ist der oft erkennbare reine Alibicharakter solcher Massnahmen, die im Gefolge schlimmer Einzelfälle kopflos eingeführt werden. Mit den bestehenden gesetzlichen Grundlagen hätten genau solche Einzelfälle verhindert werden können oder sogar verhindert werden müssen. Auf diesen Umstand verweist die Ethologin Dorit Feddersen-Petersen in einem Gutachten aus dem Jahre 2000 (betreffend die Hamburger Verordnung zum Schutz vor gefährlichen Hunden und über das Halten von Hunden). Darin steht mit Bezug auf die tödliche Attacke von Pitbulls auf den Jungen Volkan: "Dass es Probleme soziologischer Art im Umgang mit Hunden gibt (wie der schreckliche Tod des Jungen Volkan belegte), ist bekannt, ebenso wie das zögerliche bis fehlende Vorgehen der Behörden. Dieser Tod wäre unter Ausschöpfung der vorhandenen Gesetze (…) vermeidbar gewesen." (S. 2)

Die Rolle der Ämter und Beamten

Wenn wir von Politik reden, so müssen wir immer deren Erfüllungsgehilfen im Auge behalten: die Amtsstellen, die Verwaltung, den bürokratischen Apparat. Diese Institutionen sind der verlängerte Arm der Politiker. Sie führen im Alltag aus, was sich Würdeträger in Parlament und Regierung aushecken.

Interessant ist der Fall von Collette Pillonel. Die Tierärztin und Verhaltensexpertin war Mitglied einer Fachgruppe zum Thema gefährliche Hunde beim Bundesamt für Veterinärwesen (BVET). Doch im Eindruck des Unfalls von Oberglatt und der öffentlichen Reaktion darauf schwenkte das BVET plötzlich auf die harte Linie um und schlug ein Verbot von Pitbulls und Sanktionen gegen 13 weitere Rassen vor. Pillonel verliess die Expertengruppe, weil sie solche Massnahmen nicht mittragen wollte. Offensichtlich war das Vorgehen des BVET vor allem politisch motiviert, es fand keine tiefgründige Konsultation der Expertengruppe statt. In einem Interview mit "Swissinfo" beschrieb Pillonel, wie die Sache ablief: "Die Massnahmen wurden uns aufgedrängt. Am Ende der Sitzung, die auch die kantonalen Veterinärämter einbezog, wurde uns gesagt, dass jedermann zuzustimmen hätte, dass wir Pitbulls verbieten müssen. Es war keine Konsultation." Man kann sich die Frage stellen: Sollte da ein Pitbull-Verbot aus politischen Motiven durchgeboxt werden? Der Interviewer von "Swissinfo" fragt: "Bis zu welchem Grad ist das alles nur eine politische Knie-Fall-Reaktion?" Pillonel: "Für mich ist alles, was eine Rassenliste betrifft, zu 150 Prozent ein politischer Gefallen an die Massen." (Das Interview wurde in Englisch publiziert.)

Der Fall mag eine Randbemerkung in der gesamten Kampfhunde-Debatte sein. Doch er ist repräsentativ. Leicht ist zu erkennen, wie politische Behörden unter dem Druck der Politik aktivistisch agieren, geradezu weich werden und dabei in Konflikt mit Expertenmeinungen geraten. Da kann es nicht wundern, dass John Meadowcroft in seiner Einführung zum Buch "Prohibitons" zu einer beängstigenden Schlussfolgerung kommt: dass nämlich vollziehende Behörden eine der grössten Quellen für die Verbreitung von Fehlinformationen sind, wenn es darum geht, Restriktionen zu legitimieren. Meadowcroft erkennt einen Selbsterhaltungstrieb der staatlichen Bürokratie, den man leicht nachvollziehen kann. Je mehr Gesetze – je mehr Arbeit für die Ämter, sprich gesicherte Arbeitsplätze und Status für die Beamten. Die Umsetzung von Regeln und Restriktionen sind in gewissem Sinne die Futternäpfe, an denen sich die Beamtenschaft wohlgefällig ernähren kann. Wer kann es den Staatsdienern verargen, wenn sie sich wünschen, dass diese Futternäpfe opulent gefüllt sein sollen mit einem Riesenberg an Gesetzen und Verordnungen, die in gewohnt langwieriger Art die Verdauungstrakte der Staatsbürokratie passieren können?

Die Schwierigkeit der Politik mit unangenehmen Wahrheiten

Doch die Politik verrennt sich nach schlimmen Vorkommnissen nicht nur gerne in Restriktionen. Sie entwickelt dabei einen unwiderstehlichen Drang zu simplen Lösungen, die sich gut verkaufen lassen. Einfache Lösungen sind aber in der Thematik rund um Hundeunfälle nicht zu erwarten. Diese sind komplex und keinesfalls eindeutig zu analysieren, geschweige denn die richtigen politischen Antworten zu finden. Wie verzwickt die Wahrheitsfindung alleine bei der juristischen Aufarbeitung von Hundeunfällen sein kann, zeigte sich ausgerechnet beim tödlichen Unfall von Oberglatt – sozusagen auf einem Nebenschauplatz. Ungefähr zwei Jahre nach dem tragischen Ereignis wurde der Fall nochmals vom Zürcher Obergericht behandelt. Es ging unter anderem um eine Frau und ihr Kind, die beim Unfall vor Ort waren und alles mit ansehen mussten. Nach den tragischen Ereignissen wurde die Frau invalid. Deshalb sah sich der Pitbull-Halter nicht nur mit einer Anklage wegen fahrlässiger Tötung konfrontiert, sondern auch der fahrlässigen, schweren Körperverletzung an dieser Frau.

Vom Obergericht wurde er aber vom Vorwurf dieser fahrlässigen, schweren Körperverletzung freigesprochen. Die NZZ berichtete am 15. November 2007 über den Gerichtstermin wie folgt: "Die diagnostizierte posttraumatische Belastungsstörung – was juristisch als schwere Körperverletzung gilt – wird im medizinischen Gutachten im Wesentlichen darauf zurückgeführt, dass die Frau die Tötung des Knaben hat mit ansehen müssen. Nun ist ausgerechnet dieser Teil des Geschehens in der Anklageschrift nicht aufgeführt. Weil aber ein Angeklagter nur für das verurteilt werden kann, was ihm in der Anklageschrift vorgeworfen wird, musste er diesbezüglich nach Ansicht des Gerichts freigesprochen werden." Offenbar kamen formale Umstände dem Angeklagten entgegen. Dann heisst es in der NZZ weiter: "Der Freispruch begründete sich aber nicht allein auf den Mangel in der Anklageschrift, ergänzte der Gerichtsvorsitzende Schätzle. Er wies zusätzlich auf das widersprüchliche Aussageverhalten der 27-jährigen Mutter aus Kosovo hin. In einer ersten polizeilichen Einvernahme unmittelbar nach der Tat habe die Geschädigte noch ausgesagt, von den Pitbulls beschnuppert worden zu sein. Vier Monate später, bei der staatsanwaltschaftlichen Einvernahme, sei plötzlich von fletschenden Zähnen die Rede gewesen. Diese Ausschmückung sei allenfalls auf die Medienberichterstattung zurückzuführen."

Wie das Beispiel zeigt: Den genauen Hergang eines Unfalles mit Hundebeteiligung zu analysieren, ist schwierig, noch schwieriger, daraus Schlüsse zu ziehen. Irene Sommerfeld-Stur arbeitete in einem Aufsatz ("Zur Frage der Gefährlichkeit von Hunden auf Grund der Zugehörigkeit zu bestimmten Rassen") schematisch verschiedene Aspekte heraus, die dazu führen können, dass ein bestimmter Hund gefährlich wird, ganz abgesehen davon, dass alle Tiere mangels Vernunftbegabung im menschlichen Umfeld generell eine latente Gefahr darstellen. Die Aspekte lauten: "Individuelle Wesensmerkmale des Hundes, individuelle körperliche Merkmale des Hundes, Merkmale des Hundehalters, Merkmale des Opfers, Merkmale der Situation." (S. 8) Man sieht es auf den ersten Blick: Das sind eine ganze Menge Faktoren. Ausserdem lässt sich jeder dieser Bereiche wieder untergliedern in Einzelaspekte. Es ist verzwickt und verwirrend. Man muss sich nicht auf die Äste herauslassen, um sagen zu können: Das Umfeld, in dem Hunde und Menschen gemeinsam leben, ist komplex – so komplex wie das Leben selbst. Deshalb ist es schwierig, darauf mit politischen oder gesetzgeberischen Mitteln Einfluss zu nehmen. Ausserdem ist ja immer die Privatsphäre der Menschen betroffen, in die man nicht beliebig eingreifen kann.

Das fällt den Politikern schwer zu akzeptieren, die immer sofort Lösungen parat haben möchten. Schliesslich müssen sie ihre Statements in Mini-Pakete verpacken, die sich am allerliebsten über den Fernsehkanal verschicken lassen. Gerade bei komplexen Themenfeldern scheint nicht nur bei Politikern, sondern generell in der öffentlichen Meinungsbildung schnell eine Tendenz wirksam zu werden, eingängige Formeln mit einem Gefühlsappell zu formulieren. Im UNI-Magazin vom September 2007 wird das Beispiel der "Genschutz-Initiative" behandelt. Deren Befürworter forderten Einschränkungen der Gentechnologie. Die Materie war komplex und lässt sich insofern gut mit der Hundedebatte vergleichen. Wer verstehen will, weshalb es zu einem Unfall mit einem Hund kommt, womöglich sogar mit tödlichem Ausgang, muss eine intensive Analyse vornehmen, die oft einen verwirrenden Hergang freilegt. Genauso schwierig war auch die Materie der Genschutz-Initiative.

Am Anfang lagen die Befürworter der Initiative im Meinungsbildungsprozess vorne. Dann holten die Gegner auf. Im Juni 1998 schliesslich fand die Abstimmung statt. Von der anfänglich gentech-kritischen Haltung blieb wenig übrig: Mit 65% lehnte das Volk an der Urne die restriktive Initiative ab. Im UNI-Magazin erklärt man sich den Erfolg der gentech-freundlichen Kreise so: "Zum Erfolg beigetragen hat auch, dass es (...) gelungen ist, die Wahrnehmung der Öffentlichkeit auf das Thema – das "framing", wie es im Jargon der Publizistikwissenschaftler heisst – in ihrem Sinne zu beeinflussen. So argumentierten die Gegner der Genschutz-Initiative, man dürfe Behinderten die Chance auf eine wirksame Gentherapie nicht nehmen – eine Botschaft, die bei den Stimmberechtigten offensichtlich ankam." Ein solcher Mechanismus ist auch in der Kampfhunde-Debatte erkennbar. Etwa so: Man muss doch die armen Kinder vor Hunden schützen, damit sie nicht zu Tode gebissen werden. Nahrung erhielt eine solche Themensetzung ohne Zweifel durch den Unfall im Zürcherischen Oberglatt – Kraftnahrung schon fast, denn alle Klischees stimmten: Es waren Pitbulls, die attackierten. Es war ein Kind, das sterben musste. Eine Chance, die öffentliche Meinungsbildung danach noch mit wissenschaftlich unterfutterten Differenzierungen zu beeinflussen, bestand wohl kaum.

Gewiss, manche Politik gehen noch weit über vereinfachende Formeln hinaus. Ein schlagendes Beispiel einer Versimplifizierung ergab sich im Kantonsrat des Kantons Zürich, als im März 2008 über ein neues Hundegesetz debattiert wurde. "Gefährliche Hunde hätten "keine Existenzberechtigung", sie müssten "ausgerottet" und "ausgemerzt" werden (...)", wurde in der NZZ vom 4. März 2008 das Votum des Kantonsrates Michael Welz von der Eidgenössischen Demokratischen Union umschrieben. Das klingt nicht nur radikal, sondern auch radikal simpel. Dass die Sache dann doch nicht so einfach war, bewies im weiteren Verlauf der Debatte derselbe Abgeordnete Welz gleich selber. Der Kantonsrat beschloss nämlich, dass Halter von grossen und massigen Hunden eine anerkannte Ausbildung absolvieren müssen. Doch irrt gewaltig, wer jetzt denkt, Welz hätte dem sicher zugestimmt angesichts seiner Worte, die ihn nicht gerade als liberalen Geist in der Hundepolitik ausweisen. Im Gegenteil, er wollte die Bestimmung auflockern und gewissen Haltern die Ausbildung erlassen. Wie es in der NZZ weiter heisst: "Einen Antrag von Michael Welz, dass Halter mit einer Ausbildung in Tierhaltung oder Tierbetreuung von dieser Ausbildung befreit werden sollten, lehnte der Kantonsrat mit 101 zu 62 Stimmen ab."

Was hat Welz wohl dazu bewogen, diesen Antrag zu stellen? Im gleichen Artikel der NZZ findet man die Antwort in den nächsten Zeilen: "Welz, von Beruf Landwirt, wollte vor allem seinen Berufsstand von der Ausbildung ausnehmen. Wer mit gefährlichen Stieren umgehen könne, könne auch einen Hund halten, sagte er. Die Gegner erwiderten, ein Muni sei nicht dasselbe wie ein Hund." Wir erahnen am Beispiel, wie tief die Sphären waren, in denen sich das fachliche Niveau der politischen Diskussion in Hundefragen mitunter bewegt hat. Natürlich stimmt auch: Wenngleich Politiker in der Hundedebatte immer wieder mal auf den Putz hauen und simpel-radikale Lösungen präsentieren, so sieht auf den zweiten Blick alles doch wieder viel verfahrener aus. Hundehalter finden sich eben in der Klientel aller Politiker. Und ein bisschen selber denken kann das Publikum gewiss auch, wenn es die Voten gewichtet, die in die Debatte geworfen werden.

Das Publikum im Auge

Das Publikum im Auge behalten müssen die Politiker sowieso aus einem einfachen Grund. Es ist die wichtige Funktion, die Hunde in der modernen Gesellschaft einnehmen. Anders als in der Vergangenheit erfüllen Hunde heute keine bestimmte Funktion mehr, was gewiss nicht heisst, sie seien bedeutungslos. Heute zählt nicht ihre Tauglichkeit, einer wohl definierten Aufgabe gewachsen zu sein, sondern fast ausschliesslich ihr emotionaler Wert als Sozialpartner. Insofern sind Hunde in modernen Gesellschaften wichtiger als jemals zuvor. Mit der Industrialisierung wurde das Arbeitsleben immer stärker geprägt von Leistungsdruck, Entfremdung und opportunistischen Beziehungen. Parallel dazu stieg das Bedürfnis, sich in der Freizeit in eine emotional definierte Gegenwelt zurückzuziehen, die man mit keinem Wesen besser teilen konnte als mit dem Hund. Gerade in der modernen Zeit ist das Leben vieler Leute zudem geprägt durch eine belastende Unbeständigkeit in den sozialen Beziehungen. Scheidung und Trennung liegen immer in der Luft. Auch hier hat der Hund eine kompensatorische Aufgabe erlangt, die an Wichtigkeit nicht unterschätzt werden sollte.

Kurzum: Der Hund ist heute fester Bewohner eines Lebensbereichs, der unliebsame Zeiterscheinungen wie Stress, Leistungsdruck, Beliebigkeit und Unbeständigkeit in den menschlichen Beziehungen abfedert. Kein Wunder werden die mit einer solchen Aufgabe betrauten Hunde heiss geliebt – oftmals sogar mit grösserer Konstanz als menschliche Partner, wenn man bedenkt, dass eine Freundschaft zu einem Hund dessen ganze Lebensspanne von 10 bis 15 Jahren umfasst, während Partnerschaften oft schon viel früher kriseln und in Brüche gehen.

In der Schweiz gibt es rund 450'000 Hunde. Insofern müsste es auch gleich viele Hundebesitzer geben, vielleicht ein paar weniger, denn viele nennen mehr als ein Tier ihr eigen. Doch das ist längst nicht alles. Denn der Hund lebt in einem sozialen Umfeld. So ist beispielsweise der Vater offizieller Besitzer, aber seine Frau und die Kinder haben ebenfalls ein sehr enges affektives Verhältnis zum Hund. In der bekannten Dissertation von Ursula Horisberger (S. 22) wird erwähnt, dass 15% der Schweizer Bevölkerung mit einem Hund im Haushalt leben. Gemessen an der gegenwärtigen Bevölkerung der Schweiz von rund 7,5 Millionen ergibt das sage und schreibe 1,125 Millionen Leute, die mit einem Hund in einem Haushalt leben. Und das ist immer noch nicht alles. Denn die Hundebesitzer haben ein soziales Umfeld, das über den eigenen Haushalt hinausgeht: Freunde, Grosseltern, Verwandte – sie alle lieben den Hund wahrscheinlich auch. Um jeden Hund herum läppert sich so eine grosse Anzahl von Personen zusammen, die einen freundlichen, positiven Bezug zum Tier haben.

Für Politiker bedeutet das: Sie können sich leicht die Finger verbrennen. Schlagen sie restriktive Massnahmen vor, so sehen sie sich mit einer Riesenanzahl von Hundefreunden konfrontiert, die das nicht unbedingt goutieren. Und dann kommt schnell noch die Frage: Wenn man Hundehalter an die Mangel nimmt, wieso dann nicht auch Pferdehalter, Katzenhalter und andere – am Schluss hat man potentiell alle zum Feind, die Haustiere auch nur entfernt lieben.

Daher liegt das Kalkül für Politiker nahe, sich besser nicht mit der grossen Masse der Hundehalter anzulegen. Stattdessen projiziert man die ganze Debatte lieber auf ein paar wenige Protagonisten ihrer Art – eben die Kampfhunde oder noch spitzer den Pitbull. Das Schema ist klar: Hier sind die lieben "Normalhunde" – da sind die bösen "Kampfhunde". So zieht man allenfalls den Widerstand der Kampfhunde-Besitzer auf sich. Doch das sind ganz wenige. Je nach zu Grunde liegender Rasseliste machen sie etwa 2 oder 3% der Hundepopulation aus.

Schauen wir uns dazu eine Aussage von Kathy Riklin in einem Interview mit dem "Migros-Magazin" vom 27. August 2007 an. Riklin präsidierte damals eine parlamentarische Kommission, die beauftragt wurde, ein nationales Hundegesetz auszuarbeiten. Frage des "Migros-Magazin": "Können Sie nachvollziehen, dass jemand einen Pitbull hält?" Antwort Riklin: "Nein, ich kann mir das persönlich nicht erklären. Es gibt noch 240 andere Hunderassen, die unproblematisch sind." Weshalb Riklin hier ausgerechnet 240 andere Hunderassen nennt, ist nicht nachvollziehbar, aber auch nicht wirklich von Belang. Interessanter ist die Gesamtaussage. Klar, wir können letztendlich nicht wissen, was ihre Absicht war, was sie mit ihrer Antwort bewirken wollte. So, wie die Aussage aber nun mal vorliegt, lässt sich bestimmt erkennen, dass sie in ihrer Wirkung weniger die grosse Masse der Hundehalter betrifft, dafür exklusiv auf den Pitbull und seine Besitzer fokussiert. Hunde seien unproblematisch, nur die Pitbulls nicht. Folglich: Sind die Pitbulls weg, bleiben nur noch die unproblematischen Hunde. Alle Probleme, die Hunde machen können, sind also eliminiert, wenn man den Pitbull eliminiert. Für die grosse Masse der Hundehalter ist das eine Art Generalabsolution. Schliesslich seien ihre Hunde ja unproblematisch. Politischer Widerstand ist nicht zu erwarten. Zu erwartende Restriktionen betreffen nur die anderen, die wenigen Kampfhunde und ihre Besitzer.

Problematisch an solchen Aussagen ist indessen, dass die Verteufelung von ein paar wenigen Kampfhunden der grossen Mehrzahl der anderen Hundebesitzer fast ein bisschen suggeriert, sie seien aus der Pflicht entlassen und könnten tun und lassen, was sie wollen. Der Sicherheit in Hundefragen ist das bestimmt nicht dienlich. Denn kein Hund ist per se gefährlicher als ein anderer. Jeder Hund, egal welcher Rasse, muss kontrolliert werden. Irene Sommerfeld-

Stur schreibt es im bereits erwähnten Aufsatz so: "Die Nennung bestimmter, mehr oder weniger willkürlich bzw. auf der Basis von Medienvorurteilen ausgewählten Rassen, kann der eigentlichen Problemlösung aber nicht dienlich sein. Der Gesetz- bzw. Verordnungsgeber übersieht bei der definierten Rasseninkriminierung nämlich den wesentlichen Umstand, dass die Definition bestimmter Rassen als besonders gefährlich alle anderen Rassen exkriminiert, sie also de facto als ungefährlich ausweist." (S. 35)

Vergessen sollte man dabei nie: Wenngleich Politiker vorerst auf winzige Minderheiten abzielen, so ist das nur taktisches Geplänkel, eine Art Versuchsballon, den sie loslassen, um Widerstände zu testen, während sie bereits eine grössere Masse aufs Korn nehmen. Prototypisch zu beobachten war der Mechanismus gerade in der Hundepolitik: Während sich im Frühstadium der Debatte die vorgeschlagenen Massnahmen (z.B. Rasseverbote, Maulkorbzwang usw.) ganz auf die Winzigkeit der Kampfhunde richtete, weitete sich der Horizont stetig aus und erfasste schliesslich alle Hundehalter. Im Sommer 2008 ging das Fallbeil nieder: Eine Ausbildungspflicht wurde eingeführt, von der alle betroffen sind, die sich künftig einen Hund anschaffen wollen. Alle: Das sind zehntausende, hunderttausende von künftigen Hundebesitzern.

Die Bevormundung durch Paragraphen hat sich somit auf eine höhere Stufe hochgearbeitet. Zuerst wurden mit den Restriktionen nur die Kampfhunde-Besitzer als Minderheit innerhalb aller Hundebesitzer gegängelt, dann weiteten sich die Massnahmen auf die Hundehalter als Minderheit innerhalb aller Tierhalter aus. Hat man zuhause einen Schmusekater oder nennt sich stolzer Inhaber eines Flohzirkus, so bleibt man vorerst noch von einer Ausbildungspflicht verschont. Doch wer weiss. Vielleicht weitet sich die Reglementierungslawine noch auf alle Tierhalter aus. Dann wäre wieder eine höhere Stufe der Verordnungs-Tyrannei erreicht. Alle Tierhalter als Minderheit innerhalb der Gesamtbevölkerung wären dann die Gelackmeierten. Und vielleicht kommen dereinst überhaupt alle dran, die sich noch einen Resten an Fröhlichkeit im Leben bewahren, als Minderheit in einer dunklen Masse, die lustlos nach dem Taktstock der Bürokraten lebt.

Wer's nicht glauben mag, soll nur mal die einschlägigen Leserbriefspalten durchforsten. Hier nur eine Kostprobe: Die "NZZ am Sonntag" publizierte im März 2009 einen Artikel über die Schäden an Wildtieren, die von jagenden Hauskatzen angerichtet werden. Vögel und andere Wildtiere würden dezimiert, darunter auch schützenswerte Exemplare. Massnahmen seien von Nöten. Eine Woche später waren die Leserbriefe abgedruckt, die zum Artikel Stellung nahmen. Und richtig. Da meinte etwa ein Schreiber: "(…) Vorschläge zu einer Katzensteuer, zur Kastration und für Chips sind mehr als berechtigt. Was fehlt, sind Kurse für Katzenbesitzer, in denen die Haltung dieser kleinen Raubtiere erlernt werden kann. (…)" Wer das liest, dem schwant weiteres bürokratisches Ungemach. Nach den 0,45 Millionen Hunden verspüren die Unersättlichen unter den Reglementierungs-Junkies plötzlich Appetit nach grösseren Brocken: den 1,5 Millionen Katzen im Land.

Dem Ende der Freiheit entgegen

Wir haben bereits gesehen, dass es bestimmt zu kurz gegriffen ist, wenn man die Hysterisierungen rund um die Thematik von Kampfhunden einfach den Politikern in die Schuhe schieben will, die sich profilieren wollen, indem sie eine Angst in der Bevölkerung schüren. Es liegt gar nicht in ihrer Macht, eine solche Gefühlswallung zu initialisieren. Deshalb werden verschärfte Gesetzte gegen Hunde und ihre Halter nicht zwangsläufig von etablierten Politikern in den Exekutiven oder Parlamenten gefordert.

Ein gutes Beispiel dafür ist der Kanton Genf. Im Juni 2007 hiess dort das Stimmvolk mit 81,70% Ja-Stimmen ein neues Hundegesetz gut. Doch das war vielen Menschen noch längst nicht genug der neuen Paragraphen. Deshalb wurde eine Volksinitiative lanciert, die ein schärferes Hundegesetz forderte. Bereits am 24. Februar 2008 kam diese zur Abstimmung und wurde vom Volk mit

66,05% der Stimmen durchgewinkt. Das Volk, der Volkswille ist also durchaus zu haben für verschärfte Hundegesetze und kann noch restriktivere Massnahmen befürworten als die etablierten politischen Kreise – eine Tendenz, die in anderen gesellschaftlichen Bereichen nicht minder zu erkennen ist.

Diese Gefahr populistisch motivierter Einschnitte in die Freiheit thematisiert Jamie Whyte im Vorwort des bereits erwähnten Buches "Prohibitions". Verbote bleiben trotz offensichtlicher Fehlleistungen populär – und zwar nicht nur bei Politikern, sondern gerade beim breiten Publikum. Whyte rät allen, die das bezweifeln, einen Nachmittag lang in die einschlägigen Talksendungen am Radio hineinzuhören: "Sie werden sich danach glücklich fühlen, dass noch einige Freiheiten übrig bleiben; wenn die Regierung die Empfehlungen aus dem gemeinen Volk umsetzen würde, so würde alles mit einem Stopp-Schild versehen." (S. 17) Man könnte das als mildernder Umstand zugunsten der Politiker werten. Diese sind zwar restriktiven Lösungen vielfach zugetan. Sie können sich aber oft auf den Volkswillen abstützen.

Letztendlich nehmen Politiker ganz einfach einen Zeitgeist auf. Würden sie es nicht tun, wären sie rasch abgewählt. Das wollen sie natürlich nicht. Schliesslich kämpfen sie täglich um ihr politisches Überleben. Die grösste Schwäche der Politik liegt vielleicht darin, dass sie den Leuten unerfreuliche Tatsachen immer ersparen wollen. So hatte bislang noch kein politischer Akteur in der Hundedebatte den Mut zu sagen, was eigentlich Sache ist: Solange es Hunde gibt, wird es Hundeunfälle geben. Dagegen kann man gar nichts tun. Es sei denn, man verbiete die Hunde selbst, doch das ist bestimmt keine Option, oder man kontrolliere den Alltag aller Hundehalter rigoros mit einer riesigen bürokratischen Maschinerie, was jedem freiheitlichen Geist entgegen läuft. So sind Politiker halt nur Getriebene des Zeitgeistes und übernehmen dessen Themengebiete. Da passt, was im schon erwähnten Artikel des UNI-Magazins steht: "Parteien übernehmen heute die "Logik" der Medien. Und diese geht vor allem in eine Richtung: Infotainment, Human Interest und Lifestyle. Wichtig sind prominente Köpfe und süffige "Stories", die auch ein attraktives Umfeld für Anzeigen und Werbung schaffen." Wie wahr: Hundeattacken geben allemal süffige Stories ab, ganz wie es scheint.

Solcherlei Themen haben eine durchaus kurze Halbwertszeit. Wollen Politiker auf einer Welle mit reiten, müssen sie in unserer kurzlebigen Zeit rasch agieren, sonst kommt schon das nächste Thema auf die Agenda. Themen durchlaufen nämlich Phasen: Zuerst interessieren sich nur Insider dafür. Dann kommen Politiker auf den Geschmack, vor allem solche, die mit populistisch-wechselnden Themen punkten wollen. Das Thema gewinnt an Popularität, bis sich schliesslich sogar etablierte Politiker damit befassen. Das ist sozusagen der Kulminationspunkt. Jetzt muss das Thema unter Dach und Fach gebracht werden. Es muss einfliessen in Gesetze, Verordnungen, Entscheidungsprozesse.

Genau in diesem Stadium befindet sich die Hundedebatte derzeit. Im Gefolge des Unfalls von Oberglatt wurde eine Lawine von Aktivismus ausgelöst. Die Reglementierungsdichte ist mittlerweile so gross, man könnte meinen, es ginge ums nackte Überleben der Nation, wenn nicht der Erde schlechthin. Viele Kantone haben seither ihre Hundegesetze angepasst. Und die auf Bundesebene eingeführte Ausbildungspflicht für sämtliche Hundehalter stellt alles in den Schatten, was bislang an regulatorischen Zumutungen zu ertragen war. Das uralte und fundamentale Recht, einen Hund zu halten, wurde so transformiert, dass man erst unterwürfig bei den Autoritäten anklopfen und durch den Besuch von Kursen eine Läuterung ablegen muss, bevor man in seine eigene, doch intime Privatsphäre einen Hund aufnehmen darf.

Auch dem Denunziantentum wurden Tür und Tor geöffnet. Seit 2006 gibt es eine Meldepflicht bei ärztlich versorgten Beissverletzungen. Behandelt ein Arzt einen Patienten, der von einem Hund gebissen wurde, so muss er dies den Behörden berichten. Doch weit gefehlt, wer meint, die Spirale der Absurditäten liesse sich nicht noch mehr nach oben schrauben. Zu melden sind nämlich nicht nur Fälle, bei denen ein Mensch das Opfer einer Beissattacke wurde. Auch Veterinärmediziner müssen Meldung erstatten, wenn sie ein Tier behandeln, das eine Beissverletzung erlitten hat. Damit noch immer nicht genug. Sogar ein so genannt "übermässiges Aggressionsverhalten" muss gemeldet werden. Meldepflichtig sind Tierärzte, Hundetrainer, Tierheime oder Zollorgane, denen ein Köter über den Weg läuft, der gerade mal schlecht drauf ist. Wie man sieht: Eine Meldung lauert immer und überall. Raufen sich zwei Hunde in einer Art und Weise, die nicht gerade in den Bereich der Innigkeit fällt, so kann dies bereits zu einer Benachrichtigung der Behörden führen. Alles wird feinsäuberlich aufgenommen und ausgewertet, womit wir vor einer historisch einzigartigen Eskalation der Einfalt stehen. Ein Land fühlt sich von allen anderen Sorgen so befreit, dass es sich tatsächlich die Musse erlaubt, allen Ernstes eine Statistik über Hundeprügeleien zu führen.

Das alles hat politische Implikationen, die wenig Gutes verheissen für das Überleben unserer freiheitlichen Ordnung. Es kann einem Angst und Bange werden, wenn man bedenkt, dass ähnliche Prozesse auch in anderen gesellschaftlichen Bereichen ablaufen. Damit fügt sich die Hundedebatte nahtlos in eine Tendenz ein, ganze Lebensbereiche mit Regeln, Gesetzen und gut gemeinten Empfehlungen zuzuschütten und einer sich stetig ausdehnenden bürokratischen Maschinerie auszuliefern. Wer denkt dabei nicht an: Rauchverbote, Parkverbote, Alkohol-Verkaufsverbote, Ladenöffnungszeiten, Bauvorschriften, Video-Game-Verbote, ganz zu schweigen von einem Tsunami an Präventionskampagnen, die uns alle zu vorbildhaften Menschen erziehen wollen, uns in Wirklichkeit aber in einem penetranten Gutmenschentum ertränken.

Ein Kommentar in der NZZ vom 14. Juni 2008 weist darauf hin, welche besorgniserregende Dimension dieser Aktivismus schon angenommen hat: "Politik und Verwaltung sind, angeheizt vom Alarmismus der Medien, drauf und dran, die Schweiz in eine "Confoederatio Praeventionitis" gegen Essen, Trinken und Rauchen zu verwandeln, in der die Grundrechte der Bürger auf selbstbestimmtes Handeln im sogenannt höheren Interesse der Volksgesundheit immer mehr beschnitten werden." Die Hundehaltung ist nur ein Lebensbereich mehr, den sich eine Verordnungsmaschinerie unter den Nagel gerissen hat. Die Reglementierungswut steht in einem skurrilen Missverhältnis zur marginalen Gefahr, die von Hunden real ausgeht. Freiheiten werden eingeschränkt, Formalitäten dringen in den hintersten Winkel des Lebens vor. Es ist die partielle Entmündigung des aufgeklärten Bürgers – ganz egal, ob in der Rolle des Hundehalters, des Rauchers, des Autofahrers, des Konsumenten oder was auch immer.

Das Tückische ist, dass der Abbau von Freiheiten graduell und leise erfolgt. Für sich alleine genommen scheinen viele Einschränkungen nicht schlimm, locker hinzunehmen. In Restaurants nicht mehr rauchen? Könnte man schlucken. Betrifft ja sowieso nur die Raucher. Werbeverbote? Damit kann man leben. Geregelte Öffnungszeiten für Läden? Mühsam zwar und unsinnig. Aber was soll's? Viele einzelne Einschränkungen scheinen alleine genommen nur marginal. Und weil sie marginal scheinen, lässt sich nur schwer Widerstand dagegen mobilisieren. Das Endresultat aber ist eine Gesellschaft mit wenig Freiheiten und vielen Verboten. John Meadowcroft streicht im Buch "Prohitions" die Gefahr der graduellen Strangulation von Freiheitsbereichen heraus. In den kumulierten Effekten von vielen kleinen und auf den ersten Blick unwichtigen Restriktionen sieht er die grösste, aber am schwierigsten quantifizierbare Gefahr für die Freiheit. Man lese: "Freiheit geht selten in einem einzigen dramatischen Ereignis verloren, sondern wird öfters graduell abgetragen, indem viele scheinbar vernachlässigbare Restriktionen persönlicher Freiheiten kumulativ wirksam werden." (S. 23) Wenn man also gegen unnötige Hundegesetze kämpft, so geht es nicht nur um die Hundehaltung. Es geht nicht nur um die Frage, wann und wo der Hund an die Leine zu nehmen ist oder ob Rasseverbote Sinn machen oder nicht. Es geht um mehr. Es steht das hohe Gut der Freiheit zur Disposition.

8

Schlussgedanken

Stigmatisierte Wesen erfahren kein Mitleid, auch wenn sie selbst zum Opfern und Leidenden werden. Das ist eine deprimierende Realität sozialen Verhaltens, die sich immer wieder zeigt – nicht nur gegenüber Hunden.

Bleibt der arme Pitbull, an sich ein kleiner Hund, ganz alleine in einer kalten Welt zurück, die ihm einfach keinen Kredit geben mag. Will sich denn gar niemand mit ihm solidarisieren? Die Aussichten stehen schlecht, die Tage der Rasse sind wahrscheinlich gezählt. Natürlich wird das die kynologische Vielfalt nicht tangieren. In der langen, langen Geschichte der Hunde sind schon viele Rassen gekommen und gegangen.

Mitleid erfährt der Pitbull und Ahnverwandte kaum. Ist eine Kreatur einmal als Sündenbock definiert, kann sie kaum noch auf Empathie zählen. Ganz zum Schluss fällt mir dazu eine Passage aus dem Buch "Travels with Charley" von John Steinbeck ein. Im Buch erzählt er, wie er mit seinem Pudel Charley eine Reise durch ganz Amerika macht. Im Süden trifft er auf einen alten, dunkelhäutigen Mann und redet mit ihm über die Sklaverei. Dabei kommt das Gespräch auf das Thema, wie es die Sklavenhalter eigentlich geschafft haben, keinerlei Empathie für ihre Sklaven zu entwickeln, die doch auch nur Menschen waren. Auch hier: Wir wollen nicht Sklaven mit Kampfhunden gleichsetzen, wir wollen nur einen Mechanismus erkennen. Der alte Mann erklärt, wie die Sklavenhalter ihr schlechtes Gewissen verdrängen konnten: "Wenn du eine Kreatur mit Gewalt dazu bringst, wie ein Biest zu leben und zu arbeiten, dann musst du über sie denken, sie sei ein Biest, anders würde das Einfühlungsvermögen dich wahnsinnig machen. Wenn du sie einmal in deiner Vorstellung klassifiziert hast, sind deine Gefühle sicher. (…) Und wenn du deinen Kindern von Anfang an die Sache mit dem Biest beibringst, werden sie deine Verwirrung nicht einmal teilen." (übersetzt aus dem englischen Original)

Anders rum: Man muss nur intensiv genug suggerieren, ein Mensch sei minderwertig – und alle Empathie gegenüber diesem Menschen verschwindet. Dieselbe Systematik spielt in der Begegnung zu Tieren. Man muss sich nur einreden, Kampfhunde seien wirklich böse, um jedes Mitleid mit diesen Kreaturen zu verlieren. So lässt sich erklären, dass die vielen Hunde, die ins Raster der Kampfhunde fallen, kein Mitleid zu erwarten haben. Wenngleich man in der Öffentlichkeit durchaus sensibel reagiert, wenn Tieren Unrecht geschieht, so verursacht es noch nicht mal ein Augenzwinkern, dass viele so genannte Kampfhunde in Tierheimen landen, wo sie ein einsames, trauriges Leben führen, oder sogar eingeschläfert werden. Sie sind eben Biester. Die Gefühle gegenüber ihnen sind tot. Natürlich erscheint die Kampfhunde-Debatte lächerlich unwichtig vor der unglaublichen Tragödie der Sklaverei. Aber interessant ist eine gewisse Analogie im Verdrängungsmechanismus gegen das schlechte Gewissen, die einmal mehr zeigt: Was in der Kampfhunde-Kontroverse abläuft, ist ein Phänomen, wie es auch in vielen anderen Bereichen stattfindet. Das muss zu denken geben.